焦虑疗愈法

谢铮岩◎编著

台海出版社

图书在版编目（CIP）数据

焦虑疗愈法 / 谢铮岩编著 . -- 北京：台海出版社，
2025. 3. -- ISBN 978-7-5168-4128-0

Ⅰ . B842.6-49

中国国家版本馆 CIP 数据核字第 2025FC4213 号

焦虑疗愈法

编　　著：谢铮岩

责任编辑：姚红梅　　　　　　　　　封面设计：李舒园
策划编辑：兮夜忆安

出版发行：台海出版社
地　　址：北京市东城区景山东街 20 号　　邮政编码：100009
电　　话：010-64041652（发行，邮购）
传　　真：010-84045799（总编室）
网　　址：www.taimeng.org.cn/thcbs/default.htm
E-mail：thcbs@126.com

经　　销：全国各地新华书店
印　　刷：北京一鑫印务有限责任公司
本书如有破损、缺页、装订错误，请与本社联系调换

开　　本：690 毫米 ×960 毫米　　　　1/16
字　　数：133 千字　　　　　　　　　印　　张：12
版　　次：2025 年 3 月第 1 版　　　　印　　次：2025 年 3 月第 1 次印刷
书　　号：ISBN 978-7-5168-4128-0

定　　价：59.80 元

在当今社会，焦虑似乎已成为许多人生活中的常见现象，它如影随形，悄无声息地侵蚀着人们内心的宁静与快乐；这个看似无形却又无比强大的情绪，在人们的生活中扮演着越来越重要的角色。它可能在寂静的夜晚突然来袭，让人们辗转反侧；也可能在重要的时刻出现，使人们发挥失常。它如同一片阴霾，遮住了人们心中的阳光，让人们陷入无尽的痛苦和挣扎。

当我决定撰写《焦虑疗愈法》这本书时，心中满怀对那些被焦虑困扰的人的深切关怀，以及帮助他们重获心灵自由的强烈渴望。

我在多年的心理学研究和实践中，目睹了焦虑给人们带来的种种痛苦和困境。有的人因为焦虑而失去了对生活的热情，变得消极沮丧；有的人因为焦虑而身体不适，出现各种健康问题；还有的人因为焦虑而无法正常地社交和工作，与美好的机会擦肩而过。这些真实而令人痛心的案例，让我深刻地认识到焦虑的严重性和普遍性。

那么，为什么人们会陷入焦虑的泥沼呢？这是一个复杂而多面的问题。

现代生活的快节奏、高压力无疑是重要的诱因。不断变化的社会环境、激烈的竞争、信息的爆炸，都让人们的大脑和心灵难以承受。同时，个人的成长经历、性格特点、思维方式以及遗传因素等，也在焦虑的形成中起着不可忽视的作用。

然而，我坚信，尽管焦虑强大，但并非束手无策。在这本书中，我倾尽所学，为大家提供了一套系统而有效的焦虑疗愈方法。这并非一种一蹴而就的神奇魔法，而是一个需要人们用心去实践和坚持的过程。

本书第一章，揭开焦虑的神秘面纱，深入了解它的本质和表现形式，让人们能够清晰地识别焦虑在自己生活中的踪迹。第二章，通过透视焦虑的心理图景，从内在的心理机制到外在的环境因素，帮助人们找到引发焦虑的关键所在。接下来的几章，将呈现一系列实用的疗愈方法。

在撰写本书的过程中，我参考了大量的研究文献和实际案例，力求为人们提供最科学、最实用的焦虑疗愈方法。同时，我也希望能够以通俗易懂的语言，将复杂的心理学知识传递给读者，让每一位读者都能够轻松理解并应用书中的内容。

亲爱的读者，无论你是正在被焦虑所困扰，还是希望提前预防焦虑的侵袭，我都衷心地希望这本书能够成为你心灵的伙伴和指引。愿你在阅读的过程中，能够找到属于自己的那份宁静与力量，摆脱焦虑的束缚，重新拥抱生活的美好与幸福。

让我们一起踏上这充满希望的焦虑疗愈之旅，向着内心的平和与安宁勇敢前行！

目 录

第五章

焦虑的深层治愈

第六章

轻松应对不同类型的焦虑

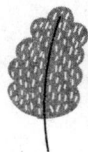

- 第一章 -

我们为什么会焦虑

焦虑是人类的老朋友

"妈妈，我好害怕！"一个小女孩紧紧抱住母亲的手臂。

这样的对话，从石器时代的山洞到现代的写字楼，一直在不断上演。只是让我们感到害怕和焦虑的事物，从猛虎变成了工作压力，从雷电变成了房贷。焦虑如影相随，只是在不同的时代有着不同的表现形式。

让我们开始一场时光之旅，看看人类是如何与焦虑这位"老朋友"相处的。想象一下：你是一个原始人，正在森林里寻找食物。突然，树丛中传来沙沙声，你的心跳立即加速，手心冒汗，肌肉紧绷——这就是最原始的焦虑。这种焦虑就像我们的"生存雷达"，帮助原始人类躲过无数危险。所以，在原始社会时，焦虑就像一个尽职的保镖。

随着历史的演进，人类学会农耕，定居了下来。焦虑也随之变成了一种集体情绪。"今年雨水够不够？""庄稼会不会被野猪偷吃？""收成能养活全家吗？"……这些焦虑萦绕在每个人的心头。有趣的是，这种集体焦虑反而给人们带来了某种慰藉。人类学家在研究中发现，农民会一起举行祈祷仪式——例如求雨。这些集体活动不仅能够凝聚了人心，还是疏解焦虑的天然方式。

　　当工业革命的车轮开始转动后，整个社会发生了翻天覆地的变化。工业化就像一台巨大的搅拌机，把人们从熟悉的环境搅到陌生的城市。想象一个年轻人第一次来到大城市：周围没有熟人，工作完全陌生，未来充满不确定。人们开始独自面对焦虑，不再像农耕时代那样有整个村子的人一起分担。

　　踏入信息时代，人们的焦虑就像一锅"大乱炖"，各种配料都往里扔：工作群半夜还在响的手机，朋友圈里的人生赢家让人睡不着，手机刚买一年就落伍了，三岁孩子要选什么兴趣班，父母的养老问题，自己的未来规划……这些焦虑像手机信息推送一样随时弹出来，让人应接不暇。

　　每一代人都有自己独特的"焦虑密码"。爷爷奶奶那一代经历过苦日子，最怕饿肚子，但很少说自己焦虑；父母那一代拼命工作，为家庭打拼，常说"要给孩子最好的教育，要养老，压力比山还大"；到了 X 世代（1965~1980），全球化浪潮袭来，"工厂搬走了，我的技能还有用吗"成了普遍的困扰；而 Y 世代（1981~1996）则面临就业、买房、育儿三座大山；最年轻的 Z 世代（1995 年后）要应对虚拟与现实的双重压力，"朋友圈点赞不多，是不是我不够优秀"之类的困惑时常出现。

　　纵观人类历史，焦虑的变迁展现出几个有趣的趋势：它从简单变得复杂，从具体变得抽象，从集体化走向个人化，从间歇性变成持续性。就像一位变装大师，焦虑在不同时代换上不同的外衣，但本质上仍是那个帮助人类生存和进化的"老朋友"。

　　现在，当你打开手机，刷着各种信息，感受着现代生活带来的焦虑时，不妨想想：这种感觉其实从人类诞生之日就开始了，只是形式在变，本质未变。

疗愈有招

　　焦虑是一面镜子，映照出人们内心最真实的渴望与关切。当人们为孩子的成长而焦虑时，折射出的是浓浓的父母之爱；当人们为事业发展而焦虑时，体现的是对自我价值的追求；当人们为社会问题而焦虑时，彰显的是对美好世界的向往。

有压力，就会有焦虑

　　压力和焦虑是人们生活中常见的两种心理状态，它们既有密切的联系，又各自具有独特的特点。压力通常源于具体的外部因素，当人们面对这些挑战或威胁时，身体会产生应激反应，这是一种自然的生理和心理反应机制。适度的压力实际上可以激发潜能、提高效率，帮助人们更好地应对挑战。

　　而焦虑则往往表现为一种更加弥漫性的担忧和不安全感。与压力不同，焦虑可能在没有明显外部原因的情况下产生，而且更多地关注未来可能发生的事情。焦虑的人会过分担心各种可能性，即使这些担忧可能是不合理的或夸大的。

　　人们的心灵要比身体脆弱得多，很容易受到外来因素的入侵，但是，比起心灵遭受的各种事物的入侵，最可怕的莫过于自我污染。这种污染会为负面情绪提供繁衍滋生的地方，结果导致自己的焦虑一发不可收拾。

　　当今社会竞争激烈，压力无处不在，面对升学、就业或升职时，每一个人都会有一定的心理压力。比如，刚进入职场的新员工，在工作压力下，常常紧张焦虑、心神不宁、失眠、心情烦躁、抱怨增多，不能将精力投入工作当中去，每天上班对于他来说就是一种自我折磨。这是因为刚入职的年轻人往往会因为抗压能力差，容易出现焦虑症状，甚至发展为焦虑症。这样不仅会导致在精神上出现紧张、烦躁、害怕和惊恐等，就连身体也会有相应的不适感，如出汗、血压升高、心悸、气短、胸闷、尿频、腹泻等症状。

近几年来，焦虑症的发病人群越来越多。据某神经医院的统计，在该院神经科门诊，大约有50%的患者是焦虑症，而在其中刚入职的年轻人占据了很大一部分。同时，40～50岁的中年人，由于受到工作、家庭、子女等压力的影响，也成为焦虑症的另一类高发人群。

面对社会生活中的各种压力，导致焦虑状况出现的因素无处不在。富人会担心自己的财富安全，为保护自己的私有财产每天活在焦虑中；穷人则为了生存的艰难而叹息，整天忧于生计；学生整天为了成绩头疼不已；毕业生则为了找工作而彻夜难眠。事业、爱情、房产、汽车、孩子、养老问题，这些压力贯穿着人们生命中的每一个阶段，无法摆脱。

张亮是一个80后，现在在北京工作。他毕业后走上了创业的道路，拥有一家小型企业，没有具体的商业办公地址，也没有一名正式员工，他只招了几名兼职人员。

他给自己面对的各种压力做了一个系统的概括：生存的艰辛与无法预料的不测，理想的实现与现实的压制，生活的迷茫与无所适从感，内心的焦躁与不安，社会环境的复杂与多变的人际关系……这些都是他现在面临的无形压力。无奈的是，这些都会发生在每一个人身上。生存、家庭、信仰、社会责任，以及理想，这些问题就像一个不断汇聚的火海，能将人烤焦。

其实张亮的经济状况比大多数80后都要富裕，尽管他的公司很小，只有几名兼职人员，但是公司的利润却很高。每年他都会给自己放假，四处去旅游。尽管如此，他还是觉得压力正在不断地向他袭来，他不知道自己的未来在哪里，因为到现在为止，他自己的抱负都没有机会施展。

张亮的情况是普遍存在的，人们总是感觉到有很多压力，但是又没有到无法生存的地步。其实并不是人们无法生存，而是现在社会上丰富的物质生活让人们在财富面前变得麻木了，因此随之产生了心灵焦虑，就连自己一开始定位的人生理想也发生了错位，想要实现理想，又舍不得放弃对财富的追求。于是，人们在追求财富的过程中，理想不知何去何从，就像一个人走进了一个风景如画的楼阁里，却发现自己的理想并不在里面，但是面对眼前的美景，自己已经舍不得离开，纵使在这座楼阁中焦虑不堪，也不愿放弃。最后只能看着理想在对面的草房子里慢慢枯萎。

压力并不是别人强加给你的，而是你在放弃与不舍的犹豫间产生的。另外，压力还会在一个人搬到一个陌生环境时产生。留学、移民、工作调动，这些都是人们离开原本熟悉的环境，搬离到一个完全陌生的城市。很多人刚搬到一个陌生的环境，就会因为对环境的不了解而丧失安全感。同时，环境的改变还会令人产生深层的焦虑，它涉及很多方面，与人交流、文化差异、生活习惯、水土不服等，这些因素都会让人对一个城市产生排斥，生出畏惧，从而平添许多压力。

在特定场合产生的特定情绪也会让人们焦虑不已。比如，一个充满噪声的环境就很容易让人烦躁，让人焦虑不安，心里像有一团火窝着，感觉随时都会爆发出来。

另外，临近过年也会给人们造成压力，害怕过年，害怕亲戚之间的互相攀比，于是产生了年底焦虑症；听到吃饭就头疼，一日三餐都不知道该怎么变着花样解决，于是就产生了吃饭焦虑症……这些都是人们很容易忽略的焦虑现象，但这些问题又确实给人们的生活平添不少压力，让人们每天都生活在焦虑中。

疗愈有招

压力与焦虑的关系就像是雨水与潮湿，看似密不可分却并非必然。关键在于人们如何看待和处理压力。适度的压力能激发潜能，过度的压力则会引发焦虑。学会调节压力，不是消除它，而是将其转化为前进的动力。这需要人们建立科学的认知框架，培养健康的应对机制，让压力成为生命中的催化剂而非毒药。

焦虑并非一无是处

在探讨焦虑这一情绪时，人们往往更多地关注其负面效应，如带来的痛苦、不安和对正常生活的干扰。然而，焦虑并非完全是消极的，存在一种被称为"有益焦虑"的特殊形式。

有益焦虑，简单来说，是一种能够对人们的生活和发展产生积极推动作用的焦虑情绪。它并非是过度的、无法控制的恐慌或担忧，而是一种适度的、能够引导人们采取积极行动的内在驱动力。

有益焦虑能够增强人们的自我保护意识。例如，当人们走在一条黑暗且偏僻的道路上时，内心产生的些许焦虑会促使人们提高警惕，注意周围的环境，加快脚步以确保自身安全。这种焦虑让人们对潜在的危险保持警觉，从而采取预防措施，避免可能的危险情况。

它也是一种促使人们为未来做好准备的动力。假设一位学生即将面临重要的考试，适度的焦虑会推动他提前规划学习时间，认真复习知识点，积极向老师和同学请教问题。激发了他的学习热情和努力程度，从而提高通过考试的可能性。

在职场中，有益焦虑同样发挥着重要作用。当面临一个重要的项目截止日期或者一个竞争激烈的晋升机会时，员工可能会感到一定程度的焦虑。这种焦虑促使他们更加专注工作，提高工作效率，精心准备报告和方案，以展现出自己的最佳表现。

比如，有一位名叫小林的销售人员，公司即将推出一款新产品，他被赋予了在短期内达到高额销售目标的任务。这一挑战引发了他的有益焦虑，他开始深入研究市场需求，分析竞争对手的产品，制定出有针对性的销售策略。在这个过程中，焦虑并没有让他退缩或崩溃，反而激励他充分发挥自己的能力，最终成功完成了销售任务。

有益焦虑还能够促进个人的成长和自我提升。当人们意识到自己在某个方面存在不足或面临挑战时，产生的焦虑可以成为改变的催化剂。比如，一个人发现自己的沟通能力影响了工作中的团队合作，由此产生的焦虑促使他报名参加沟通技巧培训课程，阅读相关书籍，积极寻求改进。

再以一位想要改善健康状况的人为例。当他意识到自己不良的生活习惯可能会导致健康问题时，产生的焦虑促使他开始规律作息、合理饮食、增加运动。这种焦虑不是让他陷入对疾病的恐惧，而是促使他采取积极的行动来预防和改善健康状况。

总之，有益焦虑是一种适度的、能够激发积极行动和促进个人成长的焦虑情绪。它与过度焦虑的区别在于，有益焦虑不会导致人们陷入无法自拔的恐惧和无助，而是引导人们以建设性的方式应对挑战和压力。

然而，要准确把握有益焦虑的程度并非易事。这需要人们对自己的情绪有敏锐的觉察力，以及对自身能力和应对策略的清晰认识。当焦虑开始对人们的日常生活和身心健康产生负面影响时，就需要采取措施进行调整和干预，如通过运动、冥想、与他人交流等方式来缓解过度的焦虑。

在生活的旅途中，学会识别和利用有益焦虑，将其转化为前进的动力，能够帮助人们更好地应对挑战，实现个人的成长和发展，走向更加充实和有意义的人生。

疗愈有招

有益焦虑如同免疫系统中的抗体，适量存在反而能增强人们的心理防御能力。它提醒人们保持警觉，促使人们积极准备，推动人们不断进步。关键是要掌握"度"，既不让焦虑成为前进的绊脚石，也不让它演变成心理的枷锁。学会利用有益焦虑，能让人们在人生道路上走得更稳健。

现代社会的焦虑图谱

深夜，城市的霓虹渐渐暗淡，但无数台电脑和手机的屏幕依然亮着。小张正在修改明天要汇报的 PPT，微信里同时进行着三个工作群的讨论；隔壁小区的李医生刚做完一台手术，却还在思考那个复杂病例；写字楼对面，一位妈妈正在给孩子报明年的兴趣班……这就是现代人的日常，人们好像总在担心着什么，焦虑着什么。

著名社会学家齐格蒙特·鲍曼曾说，现代社会就像一个装满焦虑的万花筒，每转动一下，就会呈现出新的焦虑图案。让我们走进这个万花筒，看看现代人的焦虑到底呈现出怎样的图案。

首先映入眼帘的是"职场焦虑"这块最大的拼图。"35 岁职场危机"这个词相信大家都不陌生。据某人才网站 2023 年的调查显示，78% 的职场人都表示存在职业焦虑。让人"焦虑"的是，这种焦虑并不限于特定群体：初入职场的小李担心能力不够，年过四十的张总监怕跟不上新技术，创业者王总则整宿失眠想着公司的现金流……职场焦虑就像一条看不见尽头的跑道，让人感觉永远在追赶什么。

紧接着是"生活焦虑"这块五彩斑斓的拼图。一位朋友刚付完房子首付，松了一口气，转头就开始担心装修、家具、物业费。"买房像是解决了一个大问题，但随之而来的是一堆小问题。"他苦笑着说。人们刚担心完"吃饱穿暖"，又开始焦虑"吃好穿好"。

第三块拼图可以称之为"关系焦虑"。社交媒体让我们的社交圈看似扩大了，但真正的亲密关系却变得越来越难建立。尽管现代人的社交网络比以往任何时候都庞大，但感到孤独的人却在不断增加。朋友圈里成百上千个好友，却找不到一个可以深夜倾诉的对象；工作认识了很多人，但都停留在表面的寒暄。这种"人来人往却无人懂我"的感觉，也是现代人的焦虑之一。

接下来是"信息焦虑"这块闪烁不停的拼图。每天早上醒来，我们要面对几十条未读信息，数不清的推送新闻，还有各种必须及时回复的工作消息。有心理学家称这种现象为"浅阅读时代"：我们像蜜蜂一样，在信息的花丛中不停地采撷，却很少有时间认真品味某一朵花的芬芳。这种信息过多不仅带来焦虑，还让我们的注意力越来越分散。

还有一块不容忽视的拼图叫"时间焦虑"。你有没有这样的感觉：周一刚开始，周末就到了；计划写了一堆，却总是完不成。总觉得时间不够用，但又说不清时间都去哪了。时间管理大师戴维·艾伦说，现代人最大的压力不是工作太多，而是脑子里装着太多未完成的事。

以上的这些拼图彼此交织，互相影响。工作压力影响家庭关系，家庭矛盾又反过来影响工作表现；社交焦虑让人躲进网络，网络又催生新的社交焦虑……它们像一张无形的网，彼此牵连，让现代人常常感觉喘不过气来。

就像攀登一座高山，我们只有充分了解地形，才能找到最佳的攀登路线。

了解现代社会的焦虑图谱，也有利于我们找到对付焦虑的方法。

疗愈有招

　　焦虑如同一把"万能"钥匙，能打开我们内心不同的困扰之门。认识焦虑的多样性，就像认识自己的多个侧面。每种焦虑都有其独特的表现和应对方式，理解这些差异能帮助我们更精准地找到解决方案。面对不同类型的焦虑，关键在于找到适合自己的应对策略，建立起个性化的心理防御体系。

遗传因素与环境影响

"为什么我总是这么容易焦虑,而我的妻子就显得那么淡定?"

这个问题的答案,就藏在我们的基因和生活环境之中。

让我们先从基因说起。科学家通过双生子研究发现,焦虑倾向确实有遗传基础。如果你的父母特别容易焦虑,你也可能被遗传这种特质。这就像遗传了父母的身高或眼睛颜色一样。但这并不意味着命运是注定的,基因更像是一副"牌",如何打好这副牌取决于我们的生活环境和个人选择。

研究表明,与焦虑相关的基因主要影响着我们的神经递质系统。比如,负责运输血清素的基因 SLC6A4 的变异,会影响一个人对压力的敏感度。这就像是有些人天生对声音灵敏度高,对噪音特别敏感。这种对焦虑的灵敏也有其优势:往往更善于觉察细微的情绪变化,在某些职业中反而会表现出色。

心理学研究表明,以下几种人格特质与焦虑倾向的关系最为密切:

首先是具有"神经质"特征的人。具有这种特质的人对威胁更为敏感,更容易体验到负面情绪。这就像是情绪的放大镜,把每一个小问题都放大成了危机。研究发现,神经质程度较高的人,其杏仁核(大脑中负责情绪处理的区域)对威胁刺激的反应更为强烈。

其次是性格"内向"者。虽然内向者并不一定比外向者更容易焦虑，但他们体验焦虑的方式往往不同。内向者倾向于将焦虑内化，而外向者更可能通过社交活动来释放压力。这就像两种不同的压力阀，一个向内释放，一个向外排解。

第三是"控制欲"强的人。强烈的控制欲望往往与高焦虑水平相关。这些人希望能够掌控生活中的每个细节，但现实世界的不确定性常常与这种期望发生冲突，从而产生焦虑。就像试图用双手抓住流水，越是用力，越是徒劳。

通过自我认知和适当的心理调适，我们可以学会更好地驾驭自己的人格特质。例如神经质特征较高的人可以培养正面思考的习惯，内向者可以找到适合自己的社交方式。更重要的是，每种人格特质都有其独特的优势，我们要将这些特质转化为优势，而不是让它们成为焦虑的源泉。

环境因素则像是一位雕刻师，不断地塑造着我们应对压力的方式。早期成长环境特别重要。例如有两个小孩：小明的父母总是说"不要怕，试试看"，而小红的父母则经常说"太危险了，别去"，这两个孩子长大后大概率会发展出完全不同的应对方式。这就像两颗相同的种子，在不同的土壤中长出了不同的植物。

社会环境的变迁也在重塑着我们的焦虑模式。数字时代带来的信息过量，社交媒体造成的比较压力，工作节奏的加快，这些都是前所未有的环境因素。就像一个人即使有很强的游泳天赋，如果突然被扔进波涛汹涌的大海，也会感到不知所措。

需要指出的是，基因和环境并不是独立运作的，而是不断互动的。科学家发现了"表观遗传学"这个现象：环境因素可以影响基因的表达方式，而不改变基因本身。这就像一首歌谱，虽然音符（基因）不变，但演奏方式（基因表达）会随着环境而改变。压力性的生活环境可能会开启或关闭某些与焦虑相关的基因，这就解释了为什么相同的基因在不同的环境中会产生不同的表现。

理解了遗传与环境的这种复杂关系，我们就能更好地应对焦虑。如果发现自己确实遗传了容易焦虑的特质，我们可以有意识地创造有利的环境：培养健康的生活方式，建立支持性的社交网络，学习科学的减压方法。就像园丁了解了植物的特性后，会相应地调整阳光、水分和养分，让植物更好地生长。

疗愈有招

焦虑倾向就像是遗传基因中的一个变量，它可能让我们更容易感受到不安，却不意味着我们注定要被焦虑支配。环境、教育和后天的努力都能改变焦虑的表达方式。就像一株植物的生长不仅取决于种子的基因，更需要适宜的土壤和精心的培育。通过学习和锻炼，我们完全可以把焦虑的"基因"转化为成长的动力。

测测你是否焦虑过度

前文说了，一个人保持适度焦虑，对健康是没有太大影响的，要懂得与"有益焦虑"和谐相处，但是如果过度焦虑，则是不行的，必须想办法去控制。那么，我们究竟该如何来判断自己是否焦虑过度呢？

以下是一份简单的焦虑测试题，如果你想知道自己的具体情况，请你花几分钟时间简单测算一下：

1. 你是否经常感到无缘无故的紧张和不安？

A. 几乎每天

B. 经常

C. 偶尔

D. 很少

E. 从不

2. 你是否会因为一些小事而过度担忧，例如出门是否锁好门？

A. 总是

B. 经常

C. 有时

D. 很少

E. 从不

3.你是否难以控制自己的担忧情绪?

A. 完全无法控制

B. 很难控制

C. 有时能控制

D. 较容易控制

E. 完全能控制

4.你是否经常感到心跳加速、呼吸急促或头晕?

A. 每天多次

B. 经常

C. 偶尔

D. 很少

E. 从不

5.你是否容易疲劳,即使在休息充足的情况下?

A. 总是

B. 经常

C. 有时

D. 很少

E. 从不

6.你是否难以集中注意力,例如阅读或看电视时?

A. 非常困难

B. 比较困难

C. 有些困难

D. 不太困难

E. 完全不困难

7. 你是否经常失眠或睡眠质量差?

A. 几乎每天

B. 经常

C. 偶尔

D. 很少

E. 从不

8. 你是否对社交活动感到恐惧或回避?

A. 总是

B. 经常

C. 有时

D. 很少

E. 从不

9. 你是否对未来感到过度悲观或绝望?

A. 总是

B. 经常

C. 有时

D. 很少

E. 从不

10. 你是否经常肌肉紧张，例如肩膀酸痛或背部疼痛？

A. 每天多次

B. 经常

C. 偶尔

D. 很少

E. 从不

测试结果分析：

请根据你选择的选项计算得分，A 选项计 5 分，B 选项计 4 分，C 选项计 3 分，D 选项计 2 分，E 选项计 1 分。

总得分在 40～50 分：你很可能处于焦虑过度的状态。这种情况下，焦虑情绪已经对你的日常生活、工作、学习和身心健康产生了显著的负面影响。建议你尽快寻求专业心理医生或心理咨询师的帮助，进行更详细的评估和适当的治疗。

总得分在 30～39 分：你可能存在较明显的焦虑症状。需要密切关注自己的情绪变化，尝试通过运动、调整生活方式等方法来缓解焦虑。如果症状持续加重或无法自行改善，也应考虑寻求专业帮助。

总得分在 20～29 分：你可能有一定程度的焦虑，但尚在正常范围内。不过，仍要注意保持良好的心态，合理应对压力，预防焦虑情绪的进一步加重。

总得分在 10～19 分：你的焦虑水平相对较低，目前的情绪状态较为良好。但也不能掉以轻心，在面对较大压力时，仍要注意调节情绪。

需要说明的是，这份测试题仅作为初步的自我评估工具，不能替代专业的诊断。焦虑是一种复杂的心理状态，如果你对自己的情绪状况感到担忧或不确定，最好咨询专业心理学专家的意见。同时，无论测试结果如何，保持积极的生活态度、良好的人际关系和健康的生活方式都有助于维持心理健康。

疗愈有招

测量焦虑程度就像给心理状态做体检，帮助我们更客观地认识自己的情绪状态。但这种测试不是为了给自己贴标签，而是为了及时发现问题，采取相应的调适措施。通过定期的自我评估，我们能够更好地了解自己的心理健康状况，在需要时及时寻求专业帮助，避免小问题演变成大困扰。

- 第二章 -

焦虑的心理图景

焦虑的认知偏差

我们的大脑就像一台超级计算机，不断地处理着各种信息。但这台计算机有其独特的运算规则，有时候会产生一些"计算偏差"。认知心理学家发现，焦虑的人往往会出现几种典型的思维模式。

第一种是灾难化思维。它就像一个过度悲观的预言家，总是预测最坏的结果。比如有的人虽然准备充分，却总觉得登台演讲会搞砸。这种思维模式就像给大脑装了一个放大镜，把一次普通的演讲变成了事业生死关头，把小纰漏看成大灾难，

第二种是非黑即白的思维方式。这就像一个只认识黑白两种颜色的画家，看不到中间的灰度。"要么考满分，要么就是失败"，这种思维方式给自己设置了不切实际的标准，任何未达到完美的表现都被视为失败。

还有一种常见的认知偏差叫选择性注意。想象一下，你正在看一面墙，墙上贴满了表扬你的话，但其中有一句批评。焦虑的人往往会把注意力集中在那唯一的批评上。这就像给大脑装了一个特殊的"过滤器"，专门筛选负面信息。

更有趣的是思维隧道现象。当人处于焦虑状态时，思维会变得狭窄，就是只能看到前方的隧道。明明有多种可能性，却只能看到最令人担忧的那一个。这就解释了为什么焦虑时我们常常钻牛角尖，结果是越钻牛角尖越焦虑。

　　神经科学研究发现，这些认知偏差与大脑的工作方式密切相关。当我们焦虑时，负责理性思考的前额叶皮层活动减弱，而负责情绪反应的杏仁核活动增强。这就像一个团队，原本理性的领导（前额叶）被情绪化的下属（杏仁核）暂时架空了。

　　认知偏差还会形成一个自我强化的循环。比如，因为预期考试会失败（灾难化思维），导致注意力无法集中，学习效率降低，考试成绩真的下降了，这又强化了"我总是会失败"的信念。这就像一个自我实现的预言，焦虑的认知导致焦虑的结果。

　　理解了这些认知机制，我们就能更好地应对焦虑。就像修复一台出故障的计算机，首先要找到程序中的错误。认知行为疗法就是基于这个原理，帮助人们识别和修正这些认知偏差。比如，当发现自己陷入灾难化思维时，可以问自己："这真的是最坏的结果吗？有没有其他可能性？"

　　此外，理解认知机制还能帮助我们预防焦虑。就像给计算机安装了防病毒软件，我们可以培养更理性、更灵活的思维方式。通过正念练习，我们可以学会观察自己的想法而不被它们控制；通过理性分析，我们可以学会在焦虑时寻找客观证据，而不是被主观感受左右。

疗愈有招

　　承认自己会有认知偏差，就像承认指南针会受到磁场干扰一样自然。只要我们学会识别这些偏差，理解了它们的作用机制，就能逐步建立起更客观、更平衡的思维方式，最终砍断认知偏差与焦虑之间的铰链。

潜意识与焦虑症状

深夜，王先生又一次从噩梦中惊醒。梦里，他站在高台上准备演讲，却发现自己完全说不出话来。醒来后，他的心跳依然急促，手心冒汗。

这个场景触及了焦虑最深层的根源——潜意识。弗洛伊德曾说："意识就像冰山的一角，潜意识才是真正的庞然大物。"潜意识就像一个巨大的仓库，储存着我们所有的记忆、欲望、恐惧和冲突。这些内容大部分时候都被压抑着，但它们会通过各种方式影响我们的行为和情绪。心理学家把这种影响比作地下暗流，虽然看不见，却能够改变地表的景观。

张先生经常出现"强迫性检查"的症状，每次出门都要反复确认门是否锁好、电器是否关闭。表面上看是一种过度谨慎，但深层分析显示，这可能源于潜意识中对失控的恐惧。每一次检查都是在寻求一种安全感，试图控制潜意识中的焦虑。

心理学研究发现，潜意识影响焦虑症状的方式主要有以下几个层面：

首先是"防御机制"的运作。当我们面对威胁时，潜意识会自动启动各种防御机制。比如，"投射"就是把内心的焦虑归因于外部对象。一个对自己能力没有信心的人，可能会认为"老板总是在找我的麻烦"。这就像是在玩一场心理投影的游戏，把内心的影子投射到外部世界。

其次是"象征化"过程。潜意识常常通过象征性的方式表达焦虑。这就像是潜意识在用它自己的语言，讲述着我们内心的故事。

第三是"身体化"表现。潜意识的焦虑常常会转化为身体症状。心慌、出汗、肌肉紧张等，都可能是潜意识焦虑的体现。这就像是身体在替心灵说话，用生理语言表达心理的困扰。

理解潜意识对焦虑的影响，能够帮助我们更好地应对焦虑症状。首先，我们需要承认潜意识的存在，接纳它可能带来的影响。就像接纳黑夜是白天的必然伴侣一样，接纳潜意识是心理健康的重要一步。

其次，我们可以学会"倾听"潜意识的声音。通过记录梦境、关注直觉感受、留意情绪变化等方式，我们能够更好地理解潜意识传递的信息。这就像学习一门新的语言，慢慢理解潜意识的表达方式。

最后，我们还可以通过各种方式来疏导潜意识的焦虑。艺术创作、心理咨询等，都是有效的途径。这就像给潜意识提供一个安全的出口，让被压抑的情绪有一个健康的释放方式。

疗愈有招

了解潜意识与焦虑的关系，不是为了被它所困，而是为了获得更大的自由。当我们能够理解并接纳自己的潜意识时，焦虑就不再是一个可怕的敌人，而是内心深处发出的一个信号，提醒我们需要关注和照顾的部分。

产生焦虑的生理机制

"砰！"办公室的门突然被推开，小李吓了一跳。

这一刻，他的身体里发生了一连串变化：心跳加快、手心出汗、肌肉紧绷……这些反应来得快去得也快。等他发现只是同事不小心推门太用力后，一切又恢复了平静。

这个日常中的场景，完美展示了人体应对焦虑时的生理变化。让我们化身为一个微型探险家，钻入人体内部，看看焦虑时身体里究竟发生了什么。

首先是"警报中心"杏仁核。它就像城市的110报警中心，负责接收和评估各种信息。当意外的声音传到小李耳朵里，杏仁核立即进入高度警觉状态。就像一个过度热心的接线员，它把每个不寻常的事情都当作潜在威胁。

其次是"记忆档案馆"海马体。它像一个勤劳的图书管理员，不停地翻阅过往的经历：上次一个意外声音是轮胎爆炸……科学研究发现，焦虑时海马体总是倾向于调出负面记忆，这就解释了为什么我们焦虑时总是想到不好的事情。

第三是"决策指挥部"前额叶皮层。它就像一位领导，需要权衡利弊然后做出决策。但神经影像研究显示，当人处于焦虑状态时，这个"决策指挥部"的活动反而减弱了。就像一位优秀的领导在压力下突然变得优柔寡断。

以上三个部门之间通过神经网络紧密联系，协同处理。我们用一个比喻来描述这个过程：

你在森林里看到一条蛇。

第一步：警报中心（杏仁核）发出警报："危险！有蛇！

第二步：记忆档案馆（海马体）立即调出资料："上次看到蛇时差一点被咬到了！"

第三步：决策指挥部（前额叶）开始评估："等等，好像是一条无毒的菜花蛇……"

在现实生活中，这个过程依然如出一辙，只是"蛇"变成了工作压力、人际关系、未来规划等相对抽象的威胁。

了解大脑的运作机制，不仅能帮助我们更好地应对焦虑，还能让我们更深入地理解自己。毕竟，焦虑在本质上不是我们的敌人，而是大脑想要保护我们的一种方式。

疗愈有招

　　焦虑像一位无形的访客，既是警示也是折磨。它提醒我们关注内心的需求，却也可能成为束缚我们的枷锁。理解焦虑的本质，不是要与之对抗，而是要学会观察、接纳并善用它的力量。当我们能以平和的心态看待焦虑时，它反而会成为推动我们成长的动力，帮助我们更好地认识自己，面对人生的挑战。

神经递质与情绪调节

"咖啡，我需要咖啡。"

周一早晨，小王站在咖啡机前，等待着他的第三杯美式。昨晚的失眠让他特别需要咖啡的提神。但他不知道的是，此刻他的身体里，一场复杂的化学反应正在上演。

我们的大脑就像一座精密的化工厂，不断地制造和分泌着各种神经递质。这些微小的化学物质，决定着我们是心情愉悦还是焦虑不安。它们就像无数的信使，在神经元之间传递着情绪的密码。

让我们先来认识一位重要的角色：血清素，情绪调节的"安定剂"。研究表明，血清素水平的高低与焦虑情绪密切相关。当血清素水平适中时，我们会感到平静、满足；当它水平降低时，焦虑和抑郁就容易找上门来。这就像一个温度调节器，帮助我们保持情绪的恒温状态。

多巴胺则是另一个关键角色，它就像大脑的"奖励货币"。每当我们完成一个目标，收到一个好消息，或者期待着什么美好的事情时，多巴胺就会被释放。但在焦虑状态下，这个奖励系统可能会失调。就像一个过度兴奋的会计，有时候给出过高的期待，有时候又过分吝啬，让人情绪起伏不定。

去甲肾上腺素则像是大脑的"唤醒闹钟"。它帮助我们保持警觉和专注，但过量的去甲肾上腺素会导致过度紧张和焦虑。这就解释了为什么小王在喝了太多咖啡后，不仅没有提神，反而更加焦躁不安。咖啡因刺激了去甲肾上腺素的释放，让原本就紧张的神经系统更加敏感。

神经科学家在研究中发现，这些神经递质的平衡至关重要。就像一场精妙的交响乐，每种神经递质都要在适当的时候，以适当的量被释放，才能演奏出情绪的和谐乐章。

那么，我们如何才能帮助大脑维持这种平衡呢?

生活方式的调整往往是最自然的方法。充足的睡眠能帮助血清素的分泌，这就是为什么一觉好眠后心情往往会好很多。规律的运动则能促进内啡肽的释放，这种天然的快乐激素能帮助我们对抗焦虑。

饮食也扮演着重要角色。富含色氨酸的食物（如香蕉、火鸡肉）能帮助血清素的合成。适量碳水化合物则能稳定血糖水平，避免情绪的大起大落。这就像给化工厂提供稳定优质的原材料，让它能持续生产出我们需要的神经递质。

此外，阳光对神经递质的平衡也有重要影响。阳光能调节褪黑激素的分泌，帮助确立健康的生理节律。这就是为什么心理医生常常建议焦虑的病人适当进行日光浴。

社交活动同样能影响神经递质的分泌。与亲友的愉快交谈，一个温暖的拥抱，都能促进催产素的释放。这种被称为"爱的激素"的物质，能带来安全感和归属感，是对抗焦虑的天然良药。

深入理解这些机制的意义不仅在于知识本身，更在于它能帮助我们做出更明智的生活选择。比如，当我们理解了咖啡因对神经系统的影响后，就能更好地控制咖啡的摄入量和时间。当我们知道运动能促进快乐物质的分泌后，就更有动力坚持体育锻炼。

也许，我们都该放下手中的咖啡，改用一个短暂的午后漫步来调节神经递质。毕竟，有时候最简单的方法往往是最有效的。

疗愈有招

大脑是一座精密的化工厂，血清素、多巴胺、去甲肾上腺素等神经递质像无声的指挥家，编织着我们的情绪交响曲。当这种平衡被打破后，焦虑就会悄然而至。而调节这种平衡的钥匙，就藏在我们的日常生活中：充足的睡眠、适度的运动、均衡的饮食、适时的社交，甚至是一缕晨光……都在默默重塑着我们体内的神经递质平衡。

- 第三章 -

暂时隔离焦虑的方法

消除焦虑的简单法则

焦虑并不是一种现代才有的病，它在很早之前就已经有了，只是在现在压力不断增大的社会中才开始流行了起来。早在公元前 300 多年前，著名的思想家亚里士多德就已经对这个问题做了研究。最后，他找到了一个消除焦虑的方法，这个方法的主要内容就是：先弄清事实；再分析事实；最后做出决定并依此行事。

生活中经常会遇到这样一些问题：你没有做过销售，而现在公司却安排给你一份销售的工作，你会不会把事情搞砸？你是不是应该主动选择放弃？你会不会直接被公司开除？因为各种担心，所以对工作产生了焦虑，不知道该如何是好。这种时候就应该运用上述方法来解决问题。

第一，弄清事实。并不是因为自己不适合做销售而想要放弃，而是因为没有做过所以担心自己不能够胜任。

第二，分析事实。并不是自己不行，而是怀疑自己的能力。如果好好努力，也许会有一个好业绩；如果业绩不好，那自己也能从中学习到很多东西。

第三，做出决定，然后依此行事。既然如此，不如给自己一次挑战自我的机会。

所以，弄清自己焦虑的源头很重要，在这种情况下并不是自己没有这个能力，而是没有自信，过度担心事情失败的后果。可是，一番思考之后你会发现，就算是失败也不会对自己产生多大的影响，所以完全没有必要为眼前的事情感到焦虑。

很多时候我们为之焦虑的事情并不会真正出现，这只不过是我们害怕失败、打击、挫折的一种没有必要的担忧，与其为了根本不可能发生的事情焦虑不已，倒不如打起精神投入实践中去。那时你会发现，其实事情没有自己想象中的那么困难，完全没有焦虑的必要。

疗愈有招

面对焦虑时，简单而有效的应对策略往往比复杂的方法更实用。就像解开一个缠绕的绳结，重要的不是力量的大小，而是找对方法和技巧。通过分析事实、理性思考、果断行动这三个步骤，逐步化解焦虑带来的困扰。这种方法看似简单，却需要持续的练习和耐心的实践。

忍受痛苦，为所当为

生活中，说到苦我们总会想到很多。有生苦、老苦、病苦、死苦、爱恨别离之苦、求之不得之苦，这些都是我们需要面对的。得到也是苦，婚姻的七年之痒、工作的厌倦烦闷、孩子的前程忧虑、美貌的稍纵即逝，这些是对已有东西的焦虑。由此可见，没有是痛苦的，拥有也是痛苦的，痛苦普遍存在于人们的生活中。

但是人生的幸福并不是多么难得的东西，关键在于人们怎样看待问题。凡事都有两面性，比如，平常的洗澡，有些人一天洗两次觉得很开心，而有些人听见"洗澡"这个词就觉得痛苦。产生这种区别的根源就是当事人的内心情感不同，有的人因为爱干净而喜欢洗澡，觉得不洗澡难受；而有些人觉得洗澡是在浪费时间，总觉得在浴池里喘不上气来。这就是一个痛苦的来源。可是谁都不能因为不喜欢就不洗澡了，这是正常生活的必需。

事实上在生活中还有很多这样的事情，因为一时兴起却又追求不到而痛苦，等拥有了又因为厌倦而痛苦，人就是这样每天活在矛盾的痛苦当中。也有人说，苦与乐就是一对矛盾的存在，因为有苦才能显出快乐，又因为快乐而衍生出了痛苦。就像天气热了，一瓶冰水会让我们凉爽，也会让我们拉肚子；肚子饿了，饱餐一顿会让我们心情舒畅，也会撑得我们肠胃不舒服，这就是乐极生悲的原因。

没有一成不变的永远痛苦或者永恒的快乐，所以这些情感都是交相呼应的，只要能够接受所有的情感体验，我们就可以站在一个情绪的平衡点上，没有大喜也没有大悲，因为无欲所以无求，生活也就可以简单快乐。

任何负面情绪的后面都会有一个支持它的思想，当产生负面情绪的时候，不应该只想着改变眼前的既有事实，而是要连自己的内心一起改变。应该想：别人的性格缺陷又不会对自己的人身安全产生威胁，自己何必斤斤计较呢？为别人的失误而生气，岂不是在为别人的错误买单吗？他的事情他自己都不想解决，我又何必多管闲事呢？

只有少在乎，才能少生气。别人的任何事情都是别人的事情，那是别人的人生，除非别人寻求你的帮助，否则不要轻易干涉别人的人生，这是对自己负责，也是对别人的尊重。

有一名神经症病人这样叙述了自己的想法：

我今年已经50岁了，从小到大我都没有住过院，没有生过一次大病，我常常连续几年不感冒，也不会因为任何病症而吃药，生活上从未遇到过坎坷和挫折。我的身体状况很好，每天都会感到浑身有使不完的劲，时常加班加点都用不着休息。我的身体之所以这么好、精神之所以这么充沛，是因为我平常特别注重讲卫生和保养自己。然而，事情在我去探望了一位老朋友后发生了巨大的转变，他因为患了胃癌，久病缠身，卧床不起。那天我回家后不自觉地产生了一种压抑感，晚上醒来时甚至觉得心慌、恶心，严重的时候都有种要死亡的感觉。

自那之后我整天惶惶不可终日，总感觉我的手上沾了癌细胞，于是就一个劲儿用水冲洗，用来苏水消毒，吃饭前碗筷也要用酒精擦洗，这样的事情没完没了。每当我看书、写字时就浑身难受，于是我又怀疑我的眼睛或脑子长了瘤子，虽然后来做了眼底和脑 CT 检查，都没有任何异常，但我还是担心不已。后来症状愈演愈烈，听见人们谈论癌症，甚至在报纸上看见"癌"字，我就会变得恐慌万分，就像看见有人来索命一样，真是痛苦极了。我找过很多专家治疗，非但没见好转，反倒越治越严重。

森田疗法的创始人森田正马曾说，忍受痛苦，为所当为。这应当就是我们每天生活应有的心态。痛苦不会因为你的担心和焦躁而有所减少，反而会愈演愈烈；如果弃之不管，痛苦反倒更容易被我们遗忘，不医而愈。只要我们承认痛苦的事实，坦然地接受它，就不会被痛苦而纠结，痛苦反而更加容易消失，它会因为你的无视而无趣地离开。

疗愈有招

痛苦是生命不可避免的组成部分，但它不应成为阻碍我们前进的绊脚石。面对痛苦时的坚韧和勇气，往往能转化为生命成长的动力。重要的不是逃避痛苦，而是在承受中找到前进的方向，让每一次的磨砺都成为塑造更强大自我的机会。

专心致志于一件事情

当我们学会专心致志地投入到一件事情中时，往往能够暂时摆脱焦虑的困扰，找到内心的平静。这种专注的力量，不仅能够提高我们的工作效率，更能够帮助我们建立起对抗焦虑的心理防线。

当我们全身心投入到某项任务中时，大脑会进入一种专注的状态。在这种状态下，我们的注意力会完全集中在当下的事情上，而不是不断地担心未来或回想过去。这种专注本身就是一种有效的情绪调节方式，因为它能够暂时让我们摆脱那些引发焦虑的想法和担忧。

专注带来的"心流"体验，能够让我们暂时忘却时间的流逝和外界的干扰。在这种状态下，我们会完全沉浸在当前的任务中，体验到一种深层的满足感。这种满足感不仅能够缓解焦虑，还能够增强我们的自信心。当我们看到自己通过专注努力取得的成果时，就会对自己的能力产生更多的信心。

焦虑往往源于对未来的不确定性和对过去的懊悔。而专注于当下则能够帮助我们摆脱这种时间维度的困扰。当我们将注意力集中在当前正在进行的事情上时，那些对未来的担忧和对过去的遗憾就会暂时退居幕后。这种活在当下的状态，正是缓解焦虑的有效方式之一。

此外，专注还能够帮助我们建立起对生活的控制感。当我们能够专心完成一件事情时，就会感觉自己掌控着生活的某个部分。这种控制感对于缓解焦虑非常重要，因为焦虑往往与失控感密切相关。通过专注完成一个个具体的任务，我们可以逐步建立起对生活的信心。

专注还意味着我们需要学会做减法，而不是不断地做加法。在信息爆炸的时代，我们常常试图同时处理多件事情，结果反而增加了焦虑感。学会专注就是学会取舍，明确什么是当下最重要的事情，并将注意力集中在这件事情上。这种有意识的选择能够帮助我们减轻压力。

当然，培养专注力需要时间和练习。我们可以从一些简单的事情开始，比如专心阅读一本书，或者认真完成一项工作任务。在这个过程中，我们需要学会控制各种外界干扰，创造适合专注的环境。这种练习本身就是一个减轻焦虑的过程。

专注还能够帮助我们建立更健康的生活节奏。当我们能够按照计划专心完成各项任务时，就会感觉生活更有条理，更加可控。这种有序的生活状态，能够减少我们的焦虑感，让我们以更平和的心态面对各种挑战。

值得注意的是，专注并不意味着我们要完全忽视其他事情，而是要学会在适当的时候，将注意力完全投在当前最重要的事情上。这种有意识的选择和投入，能够帮助我们在繁忙的生活中保持内心的平静。

专心致志地投入到一件事情中，不仅能够提高工作效率，更重要的是能够获得内心的平静。这种专注的力量，能够帮助我们在纷繁复杂的现代生活中找到安定感，远离焦虑的困扰。

　　繁华的大都市纽约，人潮汹涌。纽约的车站更是这样，中央车站问事处繁忙得很，旅客都争着询问自己的问题。因此，对于问事处的工作人员来说，他们的工作压力和紧张程度可想而知。可令人诧异的是，柜台后面的那位服务人员一点也不紧张。他身材瘦小，一副文文弱弱的样子，但是显得自然轻松。

　　"夫人，你想要问什么？"他抬起头把目光锁定这位妇女，"你要去哪里呢？"这时有一位男子插了话。但这个问事员丝毫不理会，还是继续问那位妇人："你要去哪里呢，夫人？""春田。""是位于俄亥俄州的春田吗？""不，是马萨诸塞州的春田。"他根本不用看列车时刻表，直接说："那趟车10分钟之内在15号站台出发。你不用着急，不用跑，时间还来得及。""是15号站台吗？""是的，夫人。"

　　女旅客走了，这位问事员才把注意力集中到刚才问话的那位男子身上。

　　有人因此请教这位服务人员："面对众多的人流，你是怎样保持冷静的呢？"

　　他这样回答："我并不是在和公众打交道，只是在单纯地处理一位旅客的问题，处理完一位，再换下一位。在一天当中，我一次只能为一个旅客服务。"

　　他的话说得多么精彩，"一次只为一位旅客服务"，这和"一次只做一件事"有着异曲同工之妙。一次只做一件事，可以使我们心无旁骛，集中精力把事情做好。如果好高骛远、见异思迁，除了心烦意乱之外，就好像掰玉米的猴子，掰一个扔一个，到头来两手空空，一无所获。

一次只能做一件事，一个时期只能实现一个目标，最忌讳的就是三心二意。人生的问题，其实并不怕多，怕的是混乱，如果把有限的精力分散到太多的事情上，就会疲于奔命，效率低下，徒增无穷的烦恼。因此，我们做事的时候，要把自己的精力集中到一件事情上来，尽可能地清除掉一切产生压力或分散注意力的阻碍和想法，让全部精力都集中在当前所做的事情上。

所有的成功都需要专心和专注，都需要投入大量的努力和真诚，正如庄子所说，"真者，精诚之至也。不精不诚，不能动人。"一个渴望成功的人，只有做到了"精诚"，专心和专注地努力，才能打动成功的心。

疗愈有招

专注就像是一束聚焦的光，能够穿透焦虑的迷雾。当我们全神贯注于当下的任务时，焦虑自然会退居幕后。这种专注不是机械的投入，而是一种富有智慧的存在状态。通过培养专注力，我们不仅能提高工作效率，更能获得内心的平静与满足，让生活回归本真。

释放内心的焦虑情绪

生活中，谁都会有一些焦虑情绪，如果不断压抑它们，你就会越来越焦虑、越来越疲累。因此，整理情绪时，最好的办法是找一种不伤人的方式把不良情绪宣泄出来，这样你就会重新轻松起来。

一天深夜，一个陌生女人打来电话："我恨透了我的丈夫。"

"你打错电话了。"对方告诉她。

她好像没有听见，只滔滔不绝地说下去："我一天到晚照顾小孩，他还以为我在享福。有时候我想独自出去散散心，他都不让；他自己却天天晚上出去，说是有应酬，谁会相信！"

"对不起。"对方打断她的话，"我不认识你。"

"你当然不认识我。"她说，"我也不认识你，现在我说了出来，舒服多了，谢谢你！"她挂断了电话。

生活中，大概谁都会产生这样或那样的焦虑，每个人都难免受到各种不良情绪的刺激和伤害。但是，善于控制和调节情绪的人，能够在焦虑产生时及时克服它、消释它，从而最大限度地减轻焦虑情绪的影响。

焦虑情绪产生了该怎么办呢？一些人认为，最好的办法就是克制自己的感情，不让焦虑情绪流露出来，做到"喜怒不形于色"。

但人毕竟不同于机器，强行压抑自己的情绪，把自己弄得表情呆板、情绪漠然，不是成熟，而是退化，是一种病态的表现。

那些表面上看起来似乎控制住了自己焦虑的人，实际上是将焦虑转到了内心。任何焦虑情绪一经产生，就一定会寻找发泄的渠道。当它受到外部压制，不能自由地发泄时，就会在体内郁积，危害心理和精神，造成的危害会更大，因此，偶尔发泄一下也未尝不可。

有些心理医生会帮助患者压抑情感，忽略焦虑问题，借此暂时解除患者的心理压力；患者会在这种情况下对负面能量产生一定的控制力，觉得所有的情绪问题似乎都迎刃而解了。

压抑情绪或许可以暂时解决问题，但是等于逐渐关闭了心门，使自己变得越来越不敏感。虽然你不会再受到负面能量的影响，却逐渐失去了真实的自我，变得越来越理性、越来越不关心别人。或许你可以暂时压抑情绪，但在不知不觉中，压抑的情绪终将反过来影响你的生活。

面对焦虑问题时，心理医生的建议是：如果有人伤害了你，你必须回忆整个过程，不断描述其中的细节，直到这件事不再影响你为止。这样的心理治疗方式只会让感情变得麻木。你似乎学会了压抑痛苦，但是伤口仍然存在，你仍会觉得隐隐作痛。

另外，有些心理医生会分析患者的焦虑问题，然后鼓励患者告诉自己生气是不值得的，以此否定所有的焦虑情绪。这些做法不明智。虽然通过自我对话来处理问题并没有什么不对，但人不该一味强化理性，压抑焦虑感情。

因为长此以往，你会发现，你已背负了沉重的心理负担。

　　一个会处理焦虑的人完全能够定期排除负面能量，而不是依靠压抑情感来解决情绪问题。如果你生性敏感，当你学会如何排除负面能量后，这些累积多时的负面情绪就会逐渐消失。此外，你还必须积极策划每一天，以积蓄力量，尽情追求梦想，这是最好的选择。

　　所以，聪明人在消解焦虑情绪时，通常采取三个步骤：首先，必须承认不良情绪的存在；其次，分析产生这一情绪的原因，弄清楚为什么会苦恼、忧愁或愤怒；最后，如果确实有可恼、可忧、可怒的理由，寻求适当的方法和途径来解决它，而不是一味压抑自己的焦虑情绪。

疗愈有招

　　焦虑情绪就像是瓶中的气体，压抑得越久，爆发时的力量就越大。学会适时释放不是软弱的表现，而是情绪管理的智慧。关键在于找到健康的释放方式，既不伤害自己，也不影响他人。通过建立科学的情绪宣泄机制，从而维持心理的健康平衡。

接受既定的现实

人生不会总是一帆风顺的，会有艰难和坎坷，这可能就是人生的缺憾。的确，厄运的到来是我们无法预知的，面对它的巨大压力，怨天尤人只会使我们的命运更加灰暗。所以我们必须接受并正视现实，选择一种对我们有好处的活法，换一种积极的心态，这样才能不为厄运所淹没。

戴尔·卡耐基小时候和几个朋友在家乡北密苏里州的一座老屋玩，当他从窗栏上跳下来的时候，手钩住了一根钉子，他的一个手指被拉掉了。

受伤后，卡耐基尖叫过、恐惧过，可等到恢复后，他再也没有为此而烦恼过。他勇敢而平静地接受了这个现实，而且以后也几乎从来没有去想过他的左手只有四个手指。

当然，重要的不是忘记，而是去适应。所以，人生的缺憾没有什么大不了。

莎拉·班哈特可以算是最懂得怎么去适应那些不可避免的事实的人了。她作为戏剧界的一代巨星，一直是全世界观众最喜爱的女演员之一，但在她71 岁那年，意外发生了：她乘船横渡大西洋的时候遇上了可怕的暴风雨，她没有躲到舱里，而是站在甲板上想见识一下暴风雨的真面目，一不小心就摔倒在甲板上了，严重受伤。

　　莎拉得了静脉炎，腿痉挛，她的医生认为，她必须把腿锯掉，但医生不敢告诉她，因为莎拉的脾气非常坏，谁知，她却非常平静地说："如果必须这样，那就锯吧。"当她被推进手术室的时候，她的儿子在一边号啕大哭，她却潇洒地挥了挥手，说："等着我，马上就回来。"在去手术室的途中，她一直在背戏里的一句台词，有人问她是不是为了解除自己的忧虑，她却说："不是，我认为说这句话能让医生感到轻松，他们的压力太大了。"

　　手术圆满成功后，莎拉开始了她的演讲生涯，使她的戏迷再次为她而疯狂。

　　正如一位哲人所说的："当我们不再反抗那些不可避免的事实时，我们就能节省精力，创造出一个新的、更丰富的生活前景。"在漫长的岁月中，我们都会碰到一些令人遗憾的事情，缺憾既然已经存在了，就应该把它们当作不可避免的事实加以接受，并且适应它。哲学家威廉·哈达威说道："要乐于承认事情就是这样的，能够接受发生的事实，就是能克服随之而来的任何不幸！"

　　住在佛罗里达州的伊丽莎白·康莉在一封给卡耐基的信上这样写道："就在庆祝北非战役胜利的同时，国防部给我送来了一封加急电报——我最亲近的人，我的侄儿永远地离开了我。

　　"我实在是太悲伤了，一直以来，我的生活一帆风顺，我有一份令人羡慕的工作，而我亲手带大的侄儿，是那么年轻，我坚信他代表着未来，会有美好的明天。可这封电报把我的生活和理想打得粉碎。我觉得已没有活下去的意义了，我开始自暴自弃，离开我的工作，离开我的朋友，对人冷淡而仇恨，为什么我最爱的侄儿会死，为什么这个孩子——没有开始他的生活——会死在战场上？我异常悲伤，整天生活在眼泪和自责中。我开始清理桌子，无意中发现了一封我早已忘记的信，是几年前我母亲去世时，侄儿写来安慰我的，信上说："我们都会想念她的，尤其是你，但我知道你是个坚强的人，你会撑下去的，你也是这样对我说的：不论你在哪里，无论我们分得多远，我永远都会记住你教我要微笑，要像个男子汉，承受一切发生的事。'我顿时豁然开朗，耳边好像有个声音在大声跟我说："你为什么不照你教给我的办法做呢？撑下去，无论发生什么事，把你的悲伤深藏在心底，继续过下去。'于是，我又开始了工作，不再对人冷淡无礼。我只是告诫自己，事情到了这个地步，我是没有能力改变的，不过我能够像他所希望的那样继续活下去，这就是对他最大的安慰了。我把全部的精力都投入工作中，写信给前方的士兵，晚上参加夜校培训，结交新朋友。

"我的生活顿时发生了种种意想不到的变化，我不再为永远过去的那些事悲伤，我只是好好珍惜我现在过着的每一天，我每天的生活里都充满了快乐。"

伊丽莎白·康莉太太学会了我们迟早都要学到的一课，就是必须接受和适应某些事实，这也许是你人生旅途中最重要的一件事。因为很多时候，人生的不足乃至缺憾，可能是对你莫大的历练。当你忘记缺憾、战胜缺憾时，你就是生活的强者了。

哲学家叔本华提醒世人曾说，一种适当的认命，是人生旅程中最重要的准备。这里的"认命"并非唯心主义，也不是消极逃避，而是一种积极强大的唯物主义：坦然接受自己所不能改变的。

疗愈有招

　　生活中的缺憾不可避免，但重要的是我们如何面对和适应它。当我们学会接纳现实，并在逆境中寻找前进的动力时，我们就能超越局限，活出内心真正渴望的生活。这种智慧让我们在面对人生的不完美时，依然能保持希望与勇气，继续向前。

- 第四章 -

放松身心，赶走焦虑

使用正面的语言

语言不仅仅是表达工具，更是塑造人们心态的力量源泉。

在日常生活中，语言可以分为三类：正面的、负面的以及中性的。这些看似简单的词语，却像三把不同的钥匙，能够打开不同的心灵之门。

当人们习惯性地使用"艰难""失败""麻烦""讨厌"这样的负面词语时，往往会不自觉地给自己设置心理障碍。这些词语就像一颗颗隐形的种子，在心灵深处生根发芽，最终长成焦虑的藤蔓。比如，当人们说"这个事情太难"时，大脑就会自动产生压力和紧张感；当人们说"我很担心"时，焦虑的情绪就会随之涌现。

很多人在谈及工作时会说："我这只是混口饭吃。"谈到收入会说："饿不死而已。"聊到家庭生活会说："将就着过。"这些看似谦虚的说法，实际上都在不经意间播撒着消极的种子，让人们的心灵笼罩在灰暗的阴影之中。

但是，如果人们学会转换思维，用积极的语言来表达，就能收获截然不同的心理体验：

将"工作很辛苦"，换成"工作很有挑战性"。

将"收入一般"，换成"收入在稳步提升"。

将"生活将就"，换成"生活在不断进步"。

将"我很担心"，换成"我很在意"。

将"这是个问题"，换成"这是个机会"。

这种转变不是简单的文字游戏，而是一种积极的心态重塑。当人们开始使用这些充满希望和力量的词语时，大脑就会分泌更多的快乐激素，焦虑的情绪自然会逐渐消退。这就像是在心灵的花园里，用希望的种子替换了焦虑的杂草。

更进一步，人们还可以把一些中性的词语转化为更具激励性的表达。比如：

把"需要改变"，升级为"渴望进步"。

把"接受现实"，提升为"拥抱机遇"。

把"等待时机"，优化为"创造机会"。

把"解决问题"，转化为"实现突破"。

把"克服困难"，升华为"迎接挑战"。

这种语言的积极转化，能够让人们在面对压力时保持更加乐观的心态。当人们说"这是个挑战"而不是"这是个困难"时，大脑就会自动调动更多的积极资源来应对。这种积极的心理暗示，能够帮助人们更好地应对生活中的各种压力，减轻焦虑带来的负面影响。

在与他人交流时，积极的语言也能创造更和谐的人际关系：

不说"你做错了"，而说"让我们一起找到更好的方法"。

不说"这不可能"，而说"让我们探索更多的方案"。

不说"我做不到"，而说"我正在努力"。

不说"问题很多"，而说"机会很多"。

不说"太难了"，而说"很有挑战性"。

通过语言转换，人们不仅能够减轻自己的焦虑，还能帮助身边的人保持积极向上的心态。这种正向的能量就像涟漪一样，能够在人际关系中不断扩散，创造出更多的快乐和希望。

记住，改变从一个字开始。当你感到焦虑时，试着调整自己的用语，用温暖而充满力量的词语来表达你的想法和感受。慢慢地，你会发现，随着语言的改变，你的心态也在悄然转变，焦虑的阴霾会逐渐散去，露出希望的阳光。

疗愈有招

生活的美好，往往就藏在这些细微的改变之中。从现在开始，用积极的语言装点我们的生活，让每一天都充满希望和力量。当我们的语言表述得积极向上后，我们的心灵也必将充满温暖和光明。

调整身体的姿势

你有没有注意到：当我们陷入焦虑时，身体往往会不自觉地蜷缩：肩膀内收，脊背弯曲，头部低垂。这种防御性的姿势不仅反映了我们的心理状态，更会反过来强化我们的焦虑情绪。

人的生理状态和心理状态是密不可分的。如果我们主动改变身体姿势，就能打破这种恶性循环，继而反过来改变焦虑不堪的心理。

姿势会直接影响我们的呼吸模式。当我们抬头挺胸时，胸腔会自然展开，让氧气能够更顺畅地进入肺部。充足的氧气供应能够帮助我们的大脑保持清醒，减少因呼吸不畅而加重的焦虑感。深呼吸一直被认为是缓解焦虑的有效方法，而良好的姿势正是帮助我们实现这一点的基础。

此外，当我们保持挺拔的姿势时，肌肉和神经系统会向大脑发送积极的信号：充满力量。大脑接收到积极的信息后，会相应地调整我们的情绪状态，减少焦虑激素的分泌，增加快乐激素的释放。

研究还发现，保持良好的身体姿势能够提升我们面对压力的能力。当我们挺直脊背时，会自然产生一种自信感。这种感觉会让我们更容易以"这没什么大不了"的心态来面对各种挑战，而不是陷入过度的焦虑和担忧中。

具体来说，我们可以通过以下几个简单的姿势调整来缓解焦虑：

（1）肩膀打开。将肩膀轻轻向后展开，感受胸腔的开放。这个动作能够帮助我们呼吸更顺畅，同时传递出自信的信号。

（2）抬头挺胸。保持头部自然抬起，下巴略微收回。这个姿势能够帮助我们保持清醒的头脑，同时也是一个积极向上的体态表现。

（3）脊背挺直。想象脊椎是一根笔直的绳子，轻轻将身体拉直。这能够帮助我们感受到内在的力量和稳定感。

这些简单的姿势调整看似微不足道，却能带来显著的心理变化。当我们感到焦虑开始蔓延时，不妨先调整一下身体姿势，让身体姿势的改变成为转变心情的第一步。

姿势调整并不是一个一蹴而就的过程。我们需要有意识地培养这个习惯，直到它成为我们的自然反应。可以在日常生活中设置一些提醒，比如每次看到镜子时都检查一下自己的姿势，或者在工作一段时间后做一次简单的姿势调整。

对抗焦虑是一个系统工程，需要我们从多个层面入手。身体姿势的调整虽然只是其中的一个环节，但却是一个简单易行、立竿见影的方法。正如研究者所说，世界上没有绝望的境地，只有绝望的心情。而改变这种心情，也许就从改变我们的身体姿势开始。

疗愈有招

当被焦虑的阴云笼罩时，我们先挺直脊背，抬头望向天空。这个简单的动作，可能就是驱散焦虑阴霾的第一缕阳光。

试着换一种方式生活

在物质文明与精神文明都飞速发展的今天，与之相伴也出现了更多的问题。物质追求与精神追求的不断提升，使我们的压力也在与日俱增，焦虑开始在我们的生活中滋生。

赵某是一家公司的老板，整天忙于各种工作应酬，经常凌晨才回家，生活毫无规律。

他很认可自己的成功，觉得自己年轻有为，前途无量。聊起自己的事业也总是很自信，滔滔不绝，精气神十足。

但是有一次，赵某在应酬时，突然觉得自己的心跳加速，胸口好像被什么东西堵住了一样，总之呼吸困难，觉得自己要窒息了。当时他非常恐惧，脸色煞白，全身直冒冷汗，一点力气都使不上来。他的情况把在场的人都吓坏了，朋友立刻把他送到了医院。但是说来也奇怪，还没等医生处理，他就恢复了正常，就像什么事情也没有发生过一样。医生对他进行了一系列检查也没有发现什么异常情况。他的生活又恢复了往常的模样，上班、应酬、出差，无限循环。

如果仅一次，可以说是不明缘由的意外，那么有第二次就让人担心了。

3个月后，赵某再一次出现了之前的症状，并且在这之后开始频繁发生，每次发作的时间都不固定，有时候是早晨，有时候是中午，有时候是半夜或凌晨。每次他都异常恐惧，这种情况反反复复地折磨着他。

赵某也去过不少医院，来来回回做过不少检查，但是所有检查数据都显示他身体的各指标很正常。问题继续发生，他就像被人施了魔咒一样。直到有一天他去拜访了一名心理医生，被告知他患上了焦虑症。

我们都会焦虑，这毋庸置疑，但是需要区别开来的是焦虑的侧重点与轻重。焦虑很容易引起人们的心理失衡和短期的负面情绪的爆发，这会直接影响人们的生活质量。同时，它还是一种群体的心理状态，广泛地存在于每一个人的心里，只是因人而异，会出现良性与恶性的本质区别。

作为"恶性"的焦虑症，它并不见得就真的是不治之症，它只是由于对心灵的管理不当引起的，所以要想抛开焦虑的重压，还是要从问题源头解决。

最近几十年来，社会正在进行着前所未有的急速变革和转型，我们不可避免地需要调整自己的生活节奏，每个人的社会地位与经济地位很可能在一瞬间发生翻天覆地的变化，导致人很容易对自己的生存环境产生紧张情绪。

这种对现实的担忧和对未来的不可预测性，就是形成焦虑症的最根本原因。比如，"中等收入焦虑症"，那些工资收入位居社会中等水平的人群，看似过着不愁吃穿的自在生活，但是与工资相对应的各种压力也接踵而来，房产、教育、医疗，这些领域上的投资也成为他们焦虑的集中点。

由此看来，焦虑症的产生完全是因为我们自己施加给了自身太多的压力，要想让自己摆脱焦虑的可能，就要给自己来一次深呼吸。

　　我们之所以感觉自己给自己带来很大的压力，是因为我们对自己的"过度期待"。每个人对自己的生活都有一个最完美的期待，为了实现这个目标，就需要不断地追求。但是期望越大，失望也就越大，生活并不是一切尽如人意，拼搏久了就会让人产生厌倦感，疲惫随之而来。

　　与其一味地给自己制定高不可攀的人生目标，不如给自己规定一个下限，只要生活能够满足自己的最低需求，就证明你的生活可以毫无压力地继续。最坏的打算就是最好的防守，给自己一个最坏的打算，就不至于令自己一败涂地。有了失败预想，也就没有什么失败会令自己措手不及了。

　　站在最底层向上努力，每走一步都是进步。把对自己的要求降低，也就没有了过多的欲望与压力，生活自然会恢复轻松自由的状态，焦虑感自然无法生成。可见，焦虑是我们自身心理郁结的结果，只要我们开朗地面对每一次压力的挑战，平淡地看待成功与失败，那么自然可以消除焦虑。

疗愈有招

　　改变生活方式就像是给心灵换一个视角，能让我们看到不一样的风景。面对焦虑，有时候需要的不是硬碰硬的对抗，而是学会用更柔软的方式应对。通过调整生活节奏、改变思维模式、重新定义成功，我们能够找到更适合自己的生活方式，让内心回归平静。

再忙也要歇一歇

周末时人们很少会感到焦虑，而到了工作日，每天朝九晚五累得浑身难受，心情实在好不起来，动不动就为了一点小事垂头丧气、自怨自艾。要是遇上了加班，更是感觉整个世界都黑了下来。人之所以会焦虑，是因为心里装了太多东西，所以心情不好。不过，我们可以给自己的心情来一次"大扫除"，只要你愿意拿出一个小时的时间来做这件事情，你就会发现，自己的焦虑感减少了，心情变得舒畅了。

当你被焦虑追赶的时候，不妨休息一下，让焦虑离开你的视线。休息并不是浪费生命，它能让你保持清醒的头脑，更有效率地做事。就像我们都知道疲劳会降低身体对一般疾病和感冒的抵抗力，它同样会降低你对忧虑和恐惧感的抵抗力。所以，防止焦虑最好的办法就是防止疲劳。

芝加哥大学实验心理学实验室主任杰克·布森医生曾经写过两本关于如何放松紧张情绪的书，还针对放松紧张情绪的方法在医学上的用途专门做了研究。他认为任何一种精神和情绪上的紧张状态都是幻象，它会在完全放松之后消失不见；也就是说，如果你能放松自己的紧张情绪，就可以让焦虑消失不见。所以，消除焦虑情绪的第一步就是适当休息，在你感到疲倦以前就休息，这样能避免焦虑乘虚而入。

这一点是非常重要的，因为一个人疲劳增加的速度快得出奇。美国陆军曾经做过这方面的研究，实验证明，即使是经过多年军事训练、意志力坚强的年轻人，如果不带背包，每小时休息 10 分钟后，行军速度会明显加快，而且持久。我们都知道，普通人的心脏会持续工作很多年，但是你的心脏为什么可以承受这样难以置信的工作量呢? 哈佛医院的华特·坎农博士给出了这样的解释：绝大多数人认为我们的心脏是整天不停地跳动的，但是事实上，心脏比我们聪明，它在每次收缩之后，就会休息一段时间。我们按正常速度每分钟跳 70 下来计算，它一天的工作时间只有 9 个小时，也就是说心脏实际上每天可以休息 15 个小时。

正是因为心脏知道边工作边休息，所以它才不会像每天一直埋头于工作的人那样疲惫不堪。

在第二次世界大战期间，丘吉尔当时已经 60 多岁了，但是他却依然可以坚持每天工作 16 小时，而他的秘诀就在于休息。他每天上午会工作到 11 点，然后吃午饭，饭后他会午睡 1 个小时，晚餐之前还要再睡两小时。他并不是因为疲劳而休息，他是为了防止疲劳。因为经常休息，所以他能很有精神地一直工作到半夜。

任何事情要是等出现了问题再想办法补救，往往会产生一些负面影响，而提前预防不仅会避免问题的发生，还会提高工作效率。身体是这样，心情也是这样。不要非等到焦虑影响到自己的生活了再去想办法解决，那样不仅浪费时间，而且很难彻底消除。所以，我们要为自己的心情做好预防，每天拿出 1 个小时的时间与自己对话，放空自己的思绪，不要让一整天的情绪都堆积在一起，这样才能有效地避免焦虑症状的出现。

所以，为工作忙碌的我们，一定要注意休息。如果你没有办法睡个午觉，那么至少也要趴在桌子上小睡一会儿；如果还不行，你可以在吃晚饭之前躺下来休息一会儿，这会比你在吃饭前喝一瓶啤酒更有价值。无论是对体力劳动者还是脑力劳动者来说，这都是一个帮助消除疲劳的好方法。

人们都认为脑力劳动相对轻松，可是实际做起来却发现也十分劳累，但是一个事实会令你十分吃惊：单单用脑不会使你疲倦。你也许觉得这句话听起来非常荒谬，每一个脑力劳动者都会将其推翻，但是这个结论却是有科学依据的。

心理专家经过研究认为，我们之所以会感到疲劳，多半是由精神和情感因素引起的，而纯粹由生理引起的疲劳很少。美国著名的心理分析学家布列尔说："一个坐着的工作者，如果健康状况良好的话，他的疲劳百分之百是受心理因素也就是情感因素影响的。"

碰到这种精神上的疲劳，应该放松、放松、再放松，不要给自己太多的压力，否则只会让自己陷入焦虑中。所以，要让自己轻松、精神起来，要让自己从工作的消极情绪中解脱出来。学会休息，这样不仅有利于消除身体上的疲劳，更有利于消除精神上的疲劳。

精神与肉体是相互影响的，当身体疲倦不堪时，情绪也会陷入低迷，时间久了就会引起焦虑症状。所以，要从身、心两个方面着手对抗焦虑，合理安排自己的时间，中午拿出一小段时间休息，这样才能缓解上午的疲劳，同时避免下午的焦躁，远离因为疲惫产生的焦虑。

疗愈有招

在这个快节奏的时代，懂得休息是一种智慧。适时的休息不是懈怠，而是为了更好地前进。就像马拉松选手需要合理分配体力一样，人生的长跑也需要我们学会在奔跑中适时停歇，调整呼吸，储备能量。真正的效率来自劳逸结合，而不是无休止的忙碌。

平衡冲突，过和谐生活

在实现梦想的过程中，有很多人都意识到自己曾忽略了生活中的某些重要领域。他们发现自己曾在生活的某个领域——如失业、体育运动或社区服务——投入了大量的时间和精力，代价却是牺牲了其他重要的领域——如健康、家庭或朋友。还有一些人意识到自己陷入了各个角色之间而不知所措。这些角色似乎不停地竞争、冲突以争抢有限的时间和精力。

我们经常听到如下感叹：

我很想事业有成，但公司并不给我晋升，除非我每天早来晚走、周末加班。

回家的时候，我已筋疲力尽。我的工作太多，根本没有时间和精力照顾家人。但家庭需要我，要修理自行车、要给孩子讲故事、要辅导孩子写作业、要商量重要事务，而且我也需要他们。如果不和家人在一起，圆满的生活又在哪里？

我想做一个好邻居，我想对社区有所帮助，我需要时间来锻炼、阅读或独自思考。

我有那么多事情要做——而它们都很重要！我又怎么能所有的事情

都做？

　　人们经常提到的是工作与家庭之间的角色冲突，经常说出来的痛苦是各种人际关系和个人成长方面的缺失。人们常说：我无法那么快地做事，每天应付生活的每个重要方面，总有某些重要的事务无法完成；干得越快，就越觉得失去了平衡。

　　显然，平衡是一种艺术，但是，我们应该如何找到自己生活中的平衡点呢？是否简单地认为只要尽快做事即可应付生活的各个方面？是否还有其他有效的途径，以便更彻底地使我们的生活有所改观呢？

　　首先，花点时间，在记事本中写出自己平常所扮演的角色。

　　你怎样看待这些角色？许多人从小受到的教育就把它们看作生活中不同的独立的"部门"。比如，在学校去不同的班级，上各自独立的课程，各有各的课本。生物得了 A，历史得了 C，这两者之间没有什么关系。把自己的工作角色看成独立的，与家庭角色无关联，与其他角色，例如个人成长或社区服务，也同样没有什么关系，集中注意力于这个角色，或者集中关注那个角色。认为自己在工作中的表现与在家庭中的所作所为没有多大关系，把私人生活与公众生活相互分离。

　　事实上，生活是一个不可分割的整体，平衡是生活和健康的要素。生活的平衡不在于很快做事以应付生活。它是一种动态平衡，我们所要做的就是使各个角色之间协作增效。同样是带女儿去打网球，我们可以从实现个人成长目标方面把它看成一项锻炼，也可以从履行父亲角色的角度把它看成与女儿发展深厚关系。如果要视察一个工厂，还要训练一个助手；我们尽可以把与助手一起视察工厂看作训练助手的一个途径。

如果把自己的各种角色看作是分离的部分，我们就会觉得时间不够用。其实每个角色都很重要。一个角色的成功并不能替代其他角色的失败。事业上的成功不能代表婚姻失败；社区里工作的成功也不能代表可以不尽为人父母的责任。在任何角色上的成功或失败都会影响着其他各个角色的质量和整体生活的质量。

每周写出自己的角色并把它们刻在我们的意识中，帮我们注意自己生活的所有领域。但是，这并不意味着我们要每周在每一个角色中都设定一个目标，也不意味着每周我们的角色都是同样的，或我们每周都要应付所有角色。有时我们需要在短期内把注意力集中于生活的某个方面，这可能有利于我们人生目标的实现。这就是不平衡中的平衡。

任何有关平衡的抉择，其关键因素与自己的内心深刻联系。如果我们所处的世界只关心人们的作为而不管其为人如何，我们很容易失去平衡而不再关心自己的梦想与目标。我们的行动依据只是紧迫与否，而不再是依据自己的目标了。

我们生活的每个角色都有四个基本层面：身体层面（要求或创造资源）、精神层面（紧密联系目标）、社会层面（涉及与其他人的人际关系）、智力层面（要求学习）。当回顾自己的角色时，我们既要看到实现目标的精神层面，也应注意到健康、家庭、朋友等方面的角色平衡，合理地分配自己的时间。

疗愈有招

　　生活中的冲突就像是交织的琴弦，需要适当的张力才能奏出和谐的乐章。平衡不是消除所有冲突，而是学会在各种角色和责任之间找到最佳的共处之道。这需要我们具备优先级管理的智慧，懂得在不同生活领域之间灵活调配精力，既不偏废任何一方，又不让自己过度疲惫。

允许不完美的存在

"哎呀，我不行，我的模样不如某某，我也没有某某的才干，没有某某的好人缘，我是这些人中最差的一个了，我……"不要认为这些人这样评价自己是因为谦虚，实际上，他们总是消极地将自己当成一只"丑小鸭"。

一个消极自卑的人，做事时往往放不开手脚，甚至会畏首畏尾，无法发挥出自身最大的优势。他们只会抱怨，总觉得事事不如人，就算有好的机会摆在眼前，他们也不敢去抓，这样的人不仅不能好好地生活，更不能获得成功。我们不要因为自己不如别人而泄气。其实，即使是只"丑小鸭"，我们也要活得很漂亮，活出自己的精彩。

马桦是一个命运多舛的女人，谁都不知道刚过而立之年的她历经了多少坎坷。然而，这个文静、清秀的女人脸上却总是挂着自信的笑容，她总能从容地行走在各种交际圈中，找到属于自己的精彩。

马桦出生在一个偏僻的山区的贫困人家，吃的是玉米面糊糊，穿的是补丁打了又打的衣裳，但她从来不因此而自卑，总是微笑着与同学们一起学习、玩耍，当时她立志要改变自己的命运，走出大山。

辛苦读书十几年，成绩优异的她终于考取了上海一所不错的大学。但是就在四处奔走凑齐了学费的几天后，积劳成疾的父亲却去世了。这个变故使得马桦不得不放弃读大学的机会，她用瘦弱的身躯背起了简单的行李，来到了上海，在非常偏僻的城边上租了一个矮矮的小平房，从此过上了一边自学一边打工的生活。

看着同事一个个穿着时尚的服装，住着雅致的小楼房，进出高档场所，说实话马桦有一点自卑，但是最终她还是选择了自信面对，积极主动地与同事交往。同事也很乐意和她做朋友。

后来，马桦通过了某大学成教毕业考试，她极强的工作能力也获得了上司和同事的肯定，被提拔为小组组长。而且她的坚强、自信，很快受到了一位优秀男士的青睐，两人最终喜结连理，现在生活过得有声有色。

马桦各方面的条件都不如别人，但她发现这一事实的时候，没有因此而瞧不起自己，也没有陷入自卑的旋涡之中；而是自信满满、积极主动地和别人交流，正是她的这份自信吸引来了更多朋友的好感和支持，帮助她最终获得了成功和幸福。

"妈妈，我的眼睛为什么这么小？""爸爸，我要减肥！""不许你们说我牙齿不漂亮！"随着社会的竞争意识逐渐增强，孩子的好胜心也越来越强。作为孩子的家长，我们会耐心去教孩子接纳生活的不完美，但我们自己呢？

人的一生中，难免会因为看到他人的优点而陷入自卑的旋涡中，固执地认为自己低人一等，会因此而萎靡不振。而有的人却能像故事中的马桦一样，一直保持自信，活得很漂亮。为什么我们就不能自信一点，为什么我们就不能像对待孩子的自卑那样对待自己、开导自己呢？

我们也有值得别人羡慕的地方，只是自己看不到罢了。我们没有必要因为缺乏健美的身材而气愤不已，也没有必要因为自己某方面的不足而自怨自艾。

有这样一个女孩，她的出身很平凡，但一直渴望成为明星。可惜，在外人看来，她并不具备成为明星的条件，不但长了一张不美的大嘴，而且还长着一口龅牙。第一次登台演出的时候，她刻意地用自己的上唇掩饰牙齿，希望别人不会注意到她的龅牙从而专心听她唱歌。结果，台下的观众看到她滑稽的样子，不禁哈哈大笑。

下台后，一位观众对她说："我很欣赏你的歌唱才华，也知道你刚刚在台上想要掩饰什么，你是怕别人嘲笑你的龅牙对吗？"女孩听后，一脸尴尬。接着，这个观众又说："龅牙怎么了？你没有发现因为它你才与众不同吗？别再为此自卑了，尽情去展现你的才华吧！也许，你的牙齿还能够给你带来好运呢！"

听了这位观众的话，女孩从此不再自卑，唱歌的时候她总是尽情地张开嘴巴，把所有的精力都置于歌声中。最后，她的名字——凯茜·桃莉享誉了电影界和广播界，甚至很多人都迷上了她那看起来非常亲切的龅牙。

凯茜·桃莉能够广受欢迎、获得幸福的人生是龅牙带来的好运吗？谁都知道这是玩笑话。但我们必须承认，当她不再过多地关注自己的龅牙，不再苛求完美，学着欣赏自己的美丽时，就会有更多的人被她所感染。

尺有所短，寸有所长，十全十美的东西是不存在的。我们应该做的是，允许不完美的存在，允许瑕疵的存在。清朝人顾嗣协曾作《杂兴八首·其三》

一首，形象而又生动地阐述了"长"与"短"的关系，我们引用如下：

> 骏马能历险，犁田不如牛。
>
> 坚车能载重，渡河不如舟。
>
> 舍才以就短，智者难为谋。
>
> 生材贵适用，慎复多苛求。

上面的诗用词浅白，却颇值得回味。古人云：人无完人，金无足赤。每个人都有长处与短处，懂得扬长避短，才是一种明智的活法。

疗愈有招

追求完美往往是焦虑的温床。接纳生命中的不完美，不是放弃追求卓越，而是给自己一个成长和释放的空间。正如大自然中没有完全对称的树叶，人生也不需要事事完美。当我们学会接纳瑕疵后，反而能以更轻松的姿态追求进步，让生命呈现出独特的美。

打造和谐的社交圈

在日常的生活中我们经常会遇到这种情况：有人会对猫感到莫名的恐惧，有人会对外出感到害怕，有人与人交往时会过分地紧张、害羞。之前人们只会把这些人叫作"胆小鬼"，认为他们只是性格上存在缺陷而已。小孩子因为看到陌生人而吓得躲进母亲的怀里，已经成为司空见惯的事情，父母也不会为此过度担心。但是如果用现在的观点来看，过分地害羞和胆小就是一种病，它并不是简单的性格缺陷。因为这类疾病严重时，可以直接影响生活、工作及人生的发展。这类疾病在精神科是一种常见的病症，并被归类于神经症，在心理学上被称作社交焦虑。

社交焦虑指的是，当有人跟你交流时，你会突然心跳加速，不知所措，想快点摆脱眼下的局面，逃离这个"与人交流"的场所，回到自己一个人的世界当中去。这类患者在与朋友聚餐或身处一个团队中时就会觉得全身不舒服，心里唯一关心的事情是这种糟糕的场面什么时候才能结束。

社交焦虑症最主要的表现是，对暴露在陌生人面前或可能被别人注视的一个或多个社交场合会产生持续、显著的畏惧，严重的还会影响正常生活。

这种人独处时悠然自得、心情舒畅，一旦进入社交群体就会无法自处，通常会表现出孤僻、自闭。在他们眼中，外面的世界复杂而又危险，所以他们喜欢躲在小小的角落里，用警惕的眼神看着外面世界的人来人往。

大多数人在见到陌生人的时候多少都会觉得紧张，这是人类的正常反应，是一种自我防卫的潜在意识，它可以提高你的警惕性，同时也有助于更快更好地了解对方。正常人的这种紧张往往只是短暂的，随着了解的深入，大多数人都会很快放松，继而开始享受交往带来的乐趣。但是对于患有社交焦虑的人来说，如果要让他们面对陌生人和社交场合，简直就是把他们往火坑里推。与人通电话、接待来访者、会见权威人士、把他们介绍给陌生人，或者让他们在被人注视的情况下完成一件事情以及在公共场合讲话、吃饭等，会让他们有种被"谋杀"的感觉。他们的紧张不安和恐惧会一直存在，不能通过任何方式得到缓解。另外，恐惧感的持续还意味着患者在每个社交场合、每次与人交往时，都会出现这种紧张状态。

人进入一个新环境时，多多少少都会感到紧张，但是我们仍能很好地控制自己的行为。比如，面试时，虽然紧张得不得了，但我们会进行自我放松，消除紧张，保证正确地回答问题，保持自己的最佳形象，最终获得自己满意的工作。但是社交焦虑症患者的紧张、恐惧却是远远超过正常程度的，他们面对紧张会产生强烈的恐惧感。这种恐惧很难控制，足以令患者逃离，从此再也没有勇气进入社交场合。

社交焦虑症的发病年龄往往都比较低，青少年时期（13~19岁）是这种现象的多发期，在我国是一种常见的精神障碍。2%~5%的人一生中至少会发作一次，相对于男性，女性的患病率会更高，95%的患者都是在20岁左右时发病的。

社交焦虑症可以说是一种慢性疾病，很少能够自行缓解，会有13%的患者是终身患病。患者常常还会引发其他一些精神障碍。据调查，有49%的患者伴有其他类型的焦虑症，其中有28%的患者试图通过饮酒来缓解这种紧张情绪，有11%的患者伴有强迫症。

其实社交焦虑症并不是无缘无故产生的，而是在错误的人际交往中慢慢形成的。每个人都希望有一个很好的朋友圈，有很好的人际交往能力，但是，往往这种愿望越强烈，就越容易受到社交焦虑症的困扰。患有社交焦虑症的人，只要有一个人对他表现出排斥，他就会多想。比如，素未谋面却经常制造噪声的邻居、每天在一起工作却极不友好的同事、平时没有什么联系却突然跑来借钱的同学、菜里有虫子却没有丝毫歉意的服务员……

上述这些人对社交焦虑症患者造成的不友好，会让他们对所有人都产生排斥，慢慢地就会害怕与别人打交道，拒绝积极地与人交流。他们会否定自己的人际交往能力，一走到人群里就会觉得所有人都在嫌弃他们，所以最终会导致他们趋向于另外一个极端，用愤世嫉俗的态度抵抗这个世界，最后他们就真的变成了令人唯恐避之不及的人，被身边的人排斥。

无论什么时候，遇到了让自己感到不舒服的人，都不要太在意对方的态度。如果他是刻意用挑衅的态度对待你，那么不理会他就是了；如果对方无理取闹、故意找碴儿，那就简明扼要、一针见血地将问题公开化，只有这样才能摆脱纠缠，化繁为简。总之，不要为了任何人、任何事改变自己的心情，放弃与人交流的信心，要知道，难缠的人只是少数，在人际交往的时候，与你"情投意合"的人还是很多的。

所以，不能因为一次不开心的遭遇而放弃与人交流的机会。只要你肯花时间了解别人，你就会发现其实身边还有许多值得交往的朋友，因此不要对任何人都持怀疑与警惕的态度，要积极地让自己融入身边人际交往的圈子里，去了解更多的人，发现更多的朋友，渐渐地你就会喜欢上身边的朋友，并乐于与他们分享彼此的开心与忧愁，生活也就会变得更加精彩。

人际交往并没有想象中的那么可怕，只要彼此付出真心，事情就会变得很容易。在人际交往中要积极地表现出你的友好态度，要坦诚待人，对喜欢的人也要大胆地表现出你的喜欢，通过交流加深彼此间的了解。只有这样才能加深彼此的感情，促进双方的彼此信任。

疗愈有招

社交不是一场表演，而是真诚联结的过程。健康的社交圈就像是一个温暖的港湾，既能给我们提供支持和力量，又不会让我们感到压力和束缚。构建这样的社交圈需要我们保持真诚，尊重边界，懂得取舍，在互动中保持自我，同时也愿意为他人付出。

好好地活在当下

考试之前你会因为过度担心成绩而在精神上"废寝忘食"，在面试前紧张得频繁去厕所，在结婚前担心婚后的日子，在妻子怀孕的时候担心孩子的教育问题、升学问题，甚至是以后的工作、婚姻，你是不是也觉得自己太过焦虑了？

现代社会，工作压力大，生活节奏快，物质要求高，人们很是担心明天突如其来的变化会打乱自己的生活，所以每天都会为一丁点变故感到胆战心惊，每天都活在对未来的焦虑中，平白给自己增添了不少压力。

有一项数据统计显示，人们对未来的焦虑有 70% 是假的，其实完全没有为之烦恼的必要。不要把一件小事想成会发展为大问题，也不要对一件小事那么敏感，适当不予理会未尝不是一种生活智慧。不要总想着"万一"，要知道在"万一"没有成真之前，它是一文不值的，为了一文不值而焦虑不已实在是没有必要。未来是美好的，我们要用健康的心态迎接接下来的事情。

1871 年春天，威廉·奥斯勒作为蒙特瑞综合医科学校的一名学生，即将毕业，他对生活充满了忧虑：期末考试会不会不过关？接下来我要做些什么事情？我该到什么地方去开始自己的人生？怎样才能谋生？很长一段时间他都在为接下来的事情感到发愁，就在这种情况下，他从一本书中看到了一句令他顿悟的话，这句话就是汤姆斯·卡莱里所说："最重要的是不要去看远处模糊的，而要去做手边清楚的事。"

就是这 24 个字使这位年轻的医科学生成为当时最著名的医学家，他还成为牛津大学内科学教授。

42 年后的一个温暖的春夜里，威廉·奥斯勒爵士在开满郁金香的耶鲁大学校园中，向这里的学生们发表了讲演。在演讲台上，他对学生们说，"像他这样一个人，曾经在 4 所大学里当过教授，并且还写过一本很受欢迎的书，在别人看来他似乎应该有着'特殊的头脑'，其实不然。他身边的一些好朋友都说，他的脑筋其实是再普通不过的。"

那么，这样一个普通的他，成功的秘诀是什么呢？对此，威廉·奥斯勒爵士说，可能是因为他永远都生活在"一个完全独立的今天"里。

"一个完全独立的今天"，到底想说明什么呢？在去耶鲁演讲的几个月前，他曾经乘坐一艘很大的海轮横渡大西洋。那时，他看见船长站在驾驶舱里按了一个按钮，然后在听到一阵机器运转的响声后，船的几个部分就立刻彼此隔绝开了，不一会儿就形成了几个防水的隔舱。奥斯勒爵士在演讲的时候对耶鲁的学生说："其实你们每一个人的机制都要比那艘大海轮精美得多，而且你们要走的航程也会更加遥远。但是我想奉劝各位同学：你们应该学会控制自己的一切。我们只有活在一个'完全独立的今天'中，才能保证今天在航行中绝对安全。在驾驶舱中，你会发现那些大隔舱都有着各自的作用。按下按钮，用铁门隔断那些已经逝去的昨天，然后再按下另一个按钮，用铁门把那些尚未诞生的明天也都隔断，然后你就保险了，你可以很安全地拥有所有的今天，所有的今天会变成昨天，而所有的明天也只能在今天实现它的价值，所以，你需要站在今天里，过好每一天。"

奥斯勒爵士并不是主张人们不用下功夫为明天做准备，他认为，只有集中所有的智慧、所有的热诚，把今天的工作做到最好，才是我们迎接未来的最好方法。

一个人如果每天都因为担心明天的事情而胆战心惊，不敢在今天有所行动，把时间都浪费在毫无价值的担心上，那么不仅会丧失掉今天的机遇，还会影响当下的决策。这就是典型的未来焦虑症。如今就业压力这么大，在很多大学生身上都出现了类似的焦虑情绪，一想到未来的日子就整天坐立不安，变得不自信。其实，这些是每个人多多少少都会经常感受到的压力，而面对这些压力人们都该有自己的方法来应对。但是，人们常用的一种方法就是回避，这种做法只会给人们带来消极影响，妨碍人们的正常生活和工作。

要想克服自己对未来的焦虑，首先就要对自己、对环境有一个正确清晰的认识。当对自己和环境有了足够的了解时，你就会对自己担忧的事情做出准确的评价，知道是自己过度担心，还是极有可能发生，然后分情况对待。对于莫须有的担心，要赶快抛弃，以便用更好的状态处理眼前的事情；但如果真有极大的发生可能，也完全可以积极地寻找方法防止其发生。总之，无论对于什么事情，担心都是于事无补的，相应的行动才是我们最应该做的。

另外，还要改变错误观念。有时候很多压力都是因为我们不合理的信念导致或加剧的，所以分析自己的观念，纠正不合理的方面，就会相应减轻自己的压力。虽然有些导致压力的事是不能消除的，但是我们对待它的态度是可以改变的，换一种积极的态度也会在一定程度上减轻压力。

改变目标也是处理事情的一个不错的方法，它不是逃避的态度，而是选择换一个方向去拼搏。当面对的是不能改变的客观事实时，我们可以通过改变自己的目标来达到"曲径通幽"的目的。就像一个声带有问题的人决意去做一名歌手，这很显然是一件不可能的事情；但是他可以换一个方向，比如从事音乐理论研究，同样可以实现自己的音乐梦想。

最后，我们也可以选择进行积极的体育锻炼，或者是学习掌握一些基本的按摩、理疗方法，这样可以在生理上随时保持很好的状态，不仅有利于缓解各种压力症状，保证心理健康，还有利于身体健康。旅游、冥想等方法也不失为很好的选择，通过调剂心情，可以让自己达到焕然一新、塑造新自我的目的。

疗愈有招

活在当下不是对未来的逃避，而是对现在的珍惜。当我们过分忧虑未来或沉溺过去时，往往会错过眼前的美好。学会专注于此时此刻，感受当下的每一个瞬间，反而能让我们更好地面对未来的挑战。这需要我们培养觉察的能力，保持心境的开放。

不去做过度思考

你有没有觉得有时候一件很小的事情会搞得自己头痛欲裂，让你陷入了一个看不清问题的黑洞中，各种各样的答案与问题不断产生，结果从一开始的一个小问题引发了头脑大爆炸。

其实，这是陷进了自己挖出来的"过度思考"的陷阱里。通常来说，喜欢思考是好事，有些人会对一个问题思考得不够，而有些人却会考虑得太多。

有些人想得太多，不自觉地让自己陷入了停滞、沮丧、疲惫、焦虑，甚至是病态的境况里。他们似乎是有与生俱来的思考"天分"，总是会把一个很简单的问题想得很复杂，把容易想得困难，把别人一个无意识的小问题想成一个大问题。他们经常在胜利面前抓取一丝失败，然后把自己的时间和才干全都浪费在了对一些无关紧要的人和事的过度思考上，有时候还会分析瘫痪，导致自己在解不开的思维里自我折磨。

习惯了过度思考的人是曲解他人意思的专家，如果有一种方法能起到自我伤害的目的，那么过度思考就可以对他们产生致命的伤害。别人的一个眼神，他们往往会过度思考出很多"言外之意"。他们会认为别人对自己的不满是因为领导看重了自己，也会觉得是自己在什么地方得罪了他，或者是自己做了什么令对方误会的事情……总之，别人的一个眼神就会让他想很多，并且越想越多，以至于到后来单方面与别人产生嫌隙，总以为最近别人的行为都是针对自己，结果导致事情越闹越僵。而事情的真相很有可能是，当时对方的眼睛里进了一粒沙子。

如果你正在为自己的过度思考而焦虑不堪，也许下面的一些建议会帮助你缓解一下：

第一，不要再期待完美时机、完善条件的出现，有些事其实应该在很早之前就做好的。人拥有雄心勃勃的目标自然是再好不过的，但是过度追求完美是很不现实的，是不切合实际的，也容易让人丧失斗志、信心全无。朝着不断改善的目标，自觉地、有条不紊地努力，才是最实际也最具现实意义的。

第二，不要假设。在事情的真相出现之前不要做任何不理智的假设，假设只会令你产生误解、担心、焦虑，让你在假设中想更多的东西、联想到更多的事情，最终导致自己被自己的思维牢牢捆住，挣脱不出来。

第三，积极主动行动起来，从理论中走出来，到实践当中去。不要把任何事情放到预想中，企图去寻找解决的方法，而是要在现实中寻求实际的出路，这样你才能更加接近你的梦想。

第四，问自己一些现实中的问题。现实中真实发生的问题，可以使你的精神集中在眼前的事情上，更加积极、务实地着重解决眼前的问题，了解问题的真实存在，然后思考各种解决方案。这样可以防止你陷进无意义的虚拟世界的思考里。

第五，为自己打造一个健康的交际网。多与一些可以为自己提供相关的、有意义的、具体的、非情绪化的反馈的人交流。一个人不可能完全客观地了解自己，所以遇到自己解决不了的问题时不要盲目地自我思考，能找朋友商量的尽量找朋友商量，多听听别人的建议。

第六，为自己设立一个目标。当发现自己开始过度思考时，转移注意力，把精力全都放到自己的新目标上，可以是自学一门外语、学习瑜伽、出去跑步，总之不要让自己安静下来，因为一旦无事可做，很容易陷进思维的圈子。计划一旦做出，就要完全落实，在任何时候都不要给自己留借口，要明确自己下一步的计划，并不折不扣地执行。

第七，不要为自己放弃做一件事情找任何借口。对自己诚实，会相当有效地解放自己，诚实地面对自己的内心，知道自己最想要的是什么，不要没有目的地瞎忙。

第八，保持写日记的好习惯。记录下自己每天的想法、决定、行动和结果，这是对自己的一种非常有效的肯定、鼓励方式。通过记日记可以帮助自己很好地把握全局，集中注意力，时刻保持动力，在自己想要改变主意时减少情绪化。这样可以帮助自己认识到什么才是对自己有好处的好方法。

第九，跳出自己的思考，让事情在还没有发生之前一切顺其自然。思考之外的空间是安静、轻松和美妙。在那个空间里充满了和平、宁静、快乐和自由。这样的地方似乎需要努力才能达到，但实际上无论任何时候、任何地方我们都可以轻易地做到。我们不知道要停止思考有多么难，但是只要我们愿意尝试就知道了。其实，超脱思考的困扰，并不需要努力尝试，只要放任自由抱着无所谓的态度就可以了。

有时候思考让我们精疲力竭，陷进混沌之中；有时候我们需要给头脑放个大假，让它进入休眠状态。如果你不清楚具体该怎么做，就先把自己沉浸在自己喜爱的音乐当中去吧！进入音乐中，远离思考，安静休息。

善待自己，抛弃没有意义的思考，享受来之不易的宁静。

疗愈有招

过度思考就像是陷入了一个无底的思维漩涡，越是努力思考，越是难以自拔。走出这个漩涡需要学会放下，接受某些问题可能暂时没有答案。培养行动的勇气，因为有时候答案就在前进的脚步中。适度的思考是智慧，过度的思考则是负担。

不攀比就会少一些焦虑

所谓"攀比",不是指一般的比较,而是"攀"住别人比较,是拿自己的无与别人的有、自己的不足和别人的足相比。到处都有喜欢攀比的人。同学聚会上,女同学甲和女同学乙都各自为了面子,说自己的老公如何赚钱又如何对自己好。各自回家,甲对自己的老公说:唉,乙长得那么寒碜,怎么命那么好,找了一个对她好得不得了的老公。乙回到家,对自己的老公说:甲上学时成绩平平,看不出什么能耐,居然找了一个钻石王老五做老公!

不久前,在报纸上看到一篇文章,其中写道:"春节期间的聚会,让人们有了相互攀比的机会,一些人在聚会时发现不少朋友生活得比自己轻松,钱比自己挣得多,职位比自己高,于是他们感到失落、不平衡,甚至是愤怒,家庭自然成了他们发泄情绪、借题发挥的场所。"

如果我们不安心享受自己的生活,喜欢和别人比较,就会滋生出许多无谓的烦恼。下面这则寓言就生动地诠释了这个道理。

有一天,一个国王独自到花园里散步,使他万分诧异的是,花园里所有的花草树木都枯萎了,园中一片荒凉。

后来国王了解到,橡树由于没有松树那么高大挺拔,因此轻生厌世死了;松树又因自己不能像葡萄那样结许多果子,也死了;葡萄哀叹自己终日匍匐在架上，不能直立，不能像桃树那样开出美丽可爱的花朵，于是也死了；牵牛花也病倒了，因为它叹息自己没有紫丁香那样芬芳；其余的植物也都垂头丧气，没精打采，只有很细小的心安草在茂盛地生长。

国王问道："小小的心安草啊，别的植物全都枯萎了，为什么你这么勇敢乐观、没有半点焦虑呢？"

小草回答说："国王啊，我一点也不焦虑，因为我知道，如果国王您想要一棵橡树，或者一棵松树、一丛葡萄、一株桃树、一株牵牛花、一棵紫丁香等，您就会叫园丁把它们种上，而我知道您希望于我的就是要我安心做小小的心安草。"

人与人之间总是存在差距的。一味地攀比只会让自己陷入无边的焦虑与痛苦之中。有的人总是与周围的人比，他买了房子，我租房住。有那么一天自己也买了房子，又发现有人的房子比自己的宽敞；还与周围的某某比，他家的经济收入比我家多，他的工作单位好，岗位好、工资高等。瞪大了眼珠子死盯着别人，拿自己的次、少，去比别人的好、多，心里总不愿让别人比自己强，还总想着为啥我就不能比他们地位高、收入多、住房大……这些人活着才真叫累，处心积虑地想要事事比别人好，绞尽了脑汁，费尽了心机，又伤脑，又烦心，最终结果还是难以如意。

攀比是一味残害心灵的毒品。山外有山，天外有天。一味地攀比，你永远也没有一个尽头。尺有所短，寸有所长。或许在你羡慕别人有钱的时候，别人羡慕你的悠闲，羡慕你的家庭和睦呢？

要摆脱攀比的心理困境，需要培养内心的平静与知足。首先，要认识到每个人的生活轨迹都是独特的。没有两个人的人生道路完全相同。与其耗费精力去羡慕和嫉妒他人，不如专注于提升自己，成就更好的自己。

　　摆脱攀比，还需要建立正确的价值观。真正的幸福不应该建立在与他人的比较之上，而应源于内心的满足感和成就感。当我们开始欣赏自己的独特性，珍惜生活中的点点滴滴时，就会发现生活处处皆是风景，处处都有值得感恩的美好。

　　建议可以采取一些具体的方法来克服攀比心理。多与家人朋友交流，分享内心真实的想法和感受；学会感恩当下，记录生活中的小确幸，培养积极乐观的心态。

疗愈有招

　　当我们放下攀比的枷锁后，生命将变得更加轻盈。不再被他人的成就所困扰，而是专注于自我成长，追求内心的平静与充实。生活本质上是一场与自己的赛跑，而不是与他人的比拼。唯有保持初心，珍惜当下，才能收获真正的幸福和内心的宁静。

第五章

焦虑的深层治愈

解构焦虑的心理模式

　　身为一家大型科技公司的项目经理，不到 30 岁的小刘可谓事业有成。最近几个月来，他每次开会前都会陷入一种奇怪的状态：明明准备很充分，却总是担心自己会在会议中出错。即使以往的经验告诉他，他的表现一直都很优秀，但这种忧虑依然会在脑海中盘旋。

　　更让小刘困扰的是，这种状态不仅仅发生在工作场合，甚至在参加朋友聚会时也会出现。"我总是不由自主地想象最坏的结果，"他说，"仿佛我的大脑里装了一个永远在预警的雷达。"

　　这种情况并非小刘独有，很多人都发现自己陷入类似的思维模式：过度预期危险、反复推演可能的失败场景、不断否定自我价值。这就是典型的焦虑心理模式。

　　这种心理模式，就像计算机运行程序一样：一旦触发某个条件，焦虑就会自动启动。比如，当遇到不确定的情况时，大脑会立即开始预想各种可能的负面结果。当面临选择时，大脑会不由自主地想象选错带来的后果。当要面对公众场合时，大脑会不断预演可能出现的尴尬情况。

　　焦虑是一种复杂的心理状态，它不仅仅是单纯的情绪反应，而是由多个心理模式交织而成的综合体验。解构这些心理模式，不仅能帮助我们更好地理解焦虑的本质，也能为我们提供更有效的应对策略。在这个过程中，我们需要深入探索焦虑背后的认知模式、情绪反应和行为特征。

首先，焦虑的认知模式通常表现为过度预期和灾难化思维。当我们处于焦虑状态时，往往会不自觉地放大可能发生的风险，低估自己应对困难的能力。这种认知偏差会让我们陷入一个恶性循环：越是担心可能出现的问题，就越容易忽视现实中的积极因素，从而强化了焦虑的情绪体验。例如，在准备重要演讲时，我们可能会不断想象各种可能出错的情况，而忽视了自己充分的准备和过往的成功经验。

其次，焦虑的情绪反应往往呈现出波动性和累积性的特点。一开始可能只是轻微的不安，但如果得不到适当的疏导和处理，这种情绪就会逐渐积累和放大。焦虑情绪还具有传染性，当我们感到焦虑时，容易对周围的事物产生消极的解读，这种负面的解读又会进一步加重焦虑感。这就像是一个不断自我强化的过程，最终可能导致情绪失控。

在行为层面，焦虑的模式主要表现为回避和过度控制。当我们感到焦虑时，自然会想要逃避引发焦虑的情境。但这种回避行为虽然能带来暂时的轻松，却会削弱我们面对挑战的能力，长期来看反而会加重焦虑。另一种常见的行为模式是过度控制，我们试图通过严格控制每个细节来减少不确定性，但这种做法往往适得其反，因为生活中总有无法完全掌控的因素。

焦虑的心理模式还与我们的自我认知密切相关。当我们对自己缺乏信心时，更容易产生焦虑情绪。这种不自信可能源于过往的失败经历，也可能来自过高的自我要求。而焦虑又会进一步削弱我们的自信心，形成另一个恶性循环。因此，重建健康的自我认知是破解焦虑模式的重要一环。

社会因素也在焦虑的形成过程中扮演着重要角色。现代社会的快节奏和高压力环境，加上社交媒体带来的比较心理，都容易诱发焦虑情绪。我们常常感觉自己需要在各个方面都表现完美，否则就会落后于他人。这种社会压力与个人的心理脆弱性相互作用，共同构成了焦虑的外部诱因。

解构焦虑的心理模式，关键在于识别和打破这些自我强化的循环。首先，我们需要学会觉察自己的思维模式，识别那些不合理的担忧和过度消极的预期。通过理性分析，我们可以逐步调整这些认知偏差，建立更客观的思维方式。

其次，要学会接纳和管理情绪，而不是试图压抑或否认它们。焦虑是一种正常的情绪反应，关键是不要让它失控。可以通过呼吸练习、冥想等方式来调节情绪，也可以通过运动、艺术创作等方式来宣泄压力。

在行为层面，我们需要逐步克服回避倾向，培养面对挑战的勇气。可以从一些小目标开始，通过循序渐进的尝试来建立信心。同时，也要学会在控制欲和接纳度之间找到平衡，接受生活中的某些不确定性。

建立健康的人际关系和社会支持网络也很重要。与他人分享自己的焦虑感受，不仅能获得情感支持，也能听到不同的观点和建议。这种社交联结能够帮助我们更好地应对焦虑。

专业的心理咨询也是一个有效的途径。心理咨询师可以帮助我们深入分析焦虑背后的原因，提供系统的干预方案。通过认知行为治疗等方法，我们可以逐步改变不健康的思维模式和行为习惯。

总的来说，解构焦虑的心理模式是一个需要耐心和智慧的过程。通过理解焦虑的形成机制，我们可以更有针对性地采取应对策略。这不仅能帮助我们更好地管理焦虑情绪，也能促进个人的心理成长和发展。在这个过程中，保持开放和接纳的态度，相信通过持续的努力，我们一定能够建立起更健康的心理状态。

疗愈有招

焦虑的心理模式就像是一套根深蒂固的程序，影响着我们对世界的反应方式。解构这种模式需要我们以探索者的姿态深入内心，理解焦虑产生的机制和维持的方式。通过识别和转化这些模式，我们能够重新编写心理反应的"程序"，建立更加适应性的应对机制。

重塑认知架构体系

"我总觉得自己活在一个巨大的玻璃罩子里，被困在自己的思维定式中无法逃脱。"这是大卫·伯恩斯的焦虑感受。作为一位心理学家和作家，他深知焦虑并非源于外部环境，而是来自自己的认知方式。在他的求医历程中，他发现自己总是不自觉地用"非黑即白"的思维方式来判断事物，这种极端的认知方式让他长期生活在焦虑之中。

认知架构就像是我们安装在大脑中的一套解读系统，它决定着我们如何理解和回应周围的世界。当这套系统出现偏差时，我们就容易陷入焦虑的深渊。就像一台电脑，如果操作系统出现了问题，即使硬件再好也无法正常工作。我们的认知系统也是如此，如果不能正确处理信息，就会导致情绪和行为的失调。

美国著名篮球运动员德罗赞的经历就是一个很好的例子。他在赛场上所向披靡，但却长期被焦虑症困扰。在接受《体育画报》采访时，他坦言："我总是用最消极的方式思考问题。即使是一场普通的常规赛失利，我也会想：我是不是不够优秀？球队是不是要放弃我了？"这种消极的认知方式，让他在事业巅峰时期也备受焦虑困扰。后来，在专业心理医生的帮助下，他学会了重新审视和调整自己的认知模式。

要重塑认知架构体系，首先要学会识别自己的认知谬误。比如完美主义倾向、非黑即白思维、过度概括化等。这些认知上的偏差会像一副有色眼镜，让我们用扭曲的方式看待世界。认知谬误就像是程序中的漏洞，需要我们及时发现并修复。

其次，我们要学会用更加灵活和理性的方式思考。不要把某一次的失败视为永恒的失败，也不要把局部的问题扩大为整体的危机。每当消极想法出现时，不妨问问自己：这种想法有多大的事实依据？是否存在其他可能性？我是否太过主观？

此外，我们还需要重新定义成功和失败的含义。过分追求完美和对失败的极度恐惧常常是焦虑的重要来源。建立一个更灵活的成功标准，接受失败是学习过程的自然组成部分，这种认知调整能够显著减轻焦虑水平。

在重塑认知架构的过程中，我们需要建立新的思维范式。这包括：接纳不确定性、培养弹性思维、保持开放态度等。就像重新装修一座房子，我们需要先清理旧的、不合理的认知结构，然后建立新的、更加健康的思维方式。

认知的改变不是一朝一夕的事情，它需要持续的练习和调整。我们可以通过写日记的方式记录自己的想法，定期回顾和分析这些想法背后的认知模式。通过不断的觉察和修正，逐步建立起更加理性和健康的认知体系。

重要的是要明白，重塑认知并非否定过去的所有想法，而是要建立一个更加平衡和灵活的思维系统。这个系统既要能够识别潜在的风险，又不会过度放大威胁；既要保持警惕性，又不会陷入过度焦虑的状态。

最后，我们要学会在日常生活中运用新的认知方式。当面对压力和挑战时，不要急于下结论，而是要留出时间给自己思考和分析。用更加客观和理性的方式看待问题，这样才能真正摆脱焦虑的困扰。

疗愈有招

认知架构就像是解读世界的地图，决定着我们如何理解和回应生活中的各种挑战。重塑这个系统需要我们勇于打破固有的思维模式，建立更加灵活和理性的认知框架。通过持续的觉察和调整，我们能够逐步建立起更健康的思维方式，从根本上改变与焦虑相处的方式。

调整情绪反应链条

情绪反应链条就像是一串多米诺骨牌，当第一张牌倒下时，往往会引发一连串的连锁反应。比如，当我们感到焦虑时，可能会出现心跳加速、呼吸急促等生理反应，这些生理反应又会加重我们的焦虑感，形成恶性循环。要打破这种循环，关键是要找到并切断这个链条中的关键环节。

一位空姐在执行航班任务时突然感到强烈的恐慌。最初只是轻微的不适感，但这种感觉迅速演变成一系列反应：心跳加速→担心自己会晕倒→呼吸困难→害怕在乘客面前出丑→全身僵硬。通过分析这个链条，心理医生帮助她找到了触发点：对身体不适的过度关注。当她学会正确看待和处理最初的不适感后，整个反应链条就被成功切断了。

要调整情绪反应链条，首先要学会识别自己的情绪触发点。这些触发点可能是某个场景、某句话，甚至是某种气味。它们就像是启动开关，一旦被触发，就会引发一系列连锁反应。识别这些触发点，就等于掌握了情绪反应链条的源头。

其次，要学会分析情绪反应的过程。每一个强烈的情绪反应背后，往往都隐藏着一系列细微的变化。通过仔细观察这些变化，我们可以更好地理解自己的情绪发展规律。比如，有些人会发现自己的焦虑往往是从轻微的烦躁开始，然后逐步升级成为强烈的不安。

打破不良的情绪反应链条需要我们建立新的反应模式。这包括：学会在情绪初期进行干预、培养积极的应对策略、建立健康的情绪宣泄渠道等。就像重新编排一场舞蹈，我们需要设计新的动作序列来替代旧的模式。

呼吸调节是一个非常有效的介入点。当我们感觉到情绪即将失控时，可以通过深呼吸来稳定身心。这种方法之所以有效，是因为它能够直接影响我们的神经系统，帮助我们从"应激状态"回归到"平静状态"。

同时，我们也要学会接纳和理解自己的情绪。每种情绪的出现都有其原因，与其压抑或否定，不如试着理解它们想要传达的信息。这种理解和接纳本身就能够减轻情绪带来的负面影响。

建立支持系统也很重要。当我们陷入强烈的情绪反应时，往往需要外界的帮助来打破这个循环。这个支持系统可以是家人、朋友，也可以是心理咨询师。他们能够帮助我们保持理性，避免陷入情绪的漩涡。

调整情绪反应链条就像训练肌肉记忆一样，需要反复练习，才能够建立新的情绪反应模式。学会了调整情绪反应链条，就能够更好地掌控自己的情绪，不再被焦虑所困扰。这不仅能提高我们的生活质量，还能帮助我们以更积极的态度面对各种挑战，就像是给自己装上了一个情绪调节器，能够及时发现并调整不良的情绪反应，保持心理的平衡与健康。

疗愈有招

　　管理情绪不是简单地压抑或否定，而是要理解情绪反应的链式特征，并学会有效干预。要调整这种链式反应，关键在于识别情绪触发点，分析反应过程，并建立新的应对模式。通过呼吸调节、自我觉察和寻求支持等方法，我们可以逐步打破负面情绪的恶性循环，这就像是给自己安装了一个情绪调节器，帮助我们在情绪波动时及时识别和调整，从而保持心理健康，更从容地面对人生挑战。

建立心理防御机制

合理的心理防御机制并非逃避现实，而是保护自我的重要屏障。

心理防御机制就像是我们内心的免疫系统，当外界压力过大时，它能够帮助我们抵御焦虑带来的冲击；当内心脆弱时，它能够为我们提供必要的保护。然而，这个系统并非与生俱来，而是需要我们有意识地建立和培养。

日本著名心理学家河合隼雄曾经治疗过一位职业经理人，这位经理人每次面对公司重大决策时都会陷入极度焦虑状态。通过系统分析，河合隼雄发现这种焦虑源于他过于脆弱的心理防御体系。在河合隼雄的指导下，这位经理人逐步建立起心理防御机制，极大地提升了他应对压力的能力。

建立心理防御机制之前要明确一个关键点：防御不等于逃避。健康的心理防御机制是在认清现实的基础上，为自己构建一个合理的保护层。它就像是高楼的减震系统，不是为了阻挡地震的到来，而是为了减轻地震带来的破坏。

其次，我们需要建立分层防御体系。第一层是日常防御，包括保持规律的作息、适度的运动、健康的社交等。这些看似普通的习惯能够增强我们抵御压力的基础能力。第二层是预警防御，学会识别压力即将到来的信号，提前做好准备。第三层是危机防御，在遭遇重大打击时能够启动有效的自我保护机制。

在建立防御机制的过程中，我们还要特别注意以下几点：

一是要保持防御机制的柔性。过于刚性的防御，反而容易在压力面前崩溃。就像竹子在风暴中能够存活下来，而高大的橡树反而容易折断一样，我们的心理防御机制也需要具备一定的弹性。

二是要确保防御机制的适应性。随着环境的变化，我们的防御机制也需要及时调整。固守过时的防御方式，只会让我们更加脆弱。要经常检查和更新自己的防御策略，保证它们仍然有效。

三是要注意防御机制的能量消耗。一个好的防御机制应该是节能的，而不是耗费大量心力的。如果维持某种防御方式让我们感到极度疲惫，那就需要考虑是否需要调整。

通过建立健康的心理防御机制，我们能够更好地应对生活中的各种挑战。这不仅能帮助我们远离焦虑的困扰，还能让我们以更加从容的姿态面对生活，就像为自己打造了一套"心理铠甲"，让我们在面对压力时多了一分保护，少了一分担忧。

疗愈有招

建立心理防御机制，犹如为心灵构筑一道弹性屏障，这不是逃避现实，而是主动保护自我。健康的防御机制如同内心的减震系统，帮助我们在压力面前保持平衡。它需要我们有意识地培养，通过规律作息、适度运动和自我调适等，逐步增强抵御外部挑战的能力。建立防御机制，关键在于保持机制的柔性、适应性和能量效率，让心理防御成为我们从容面对生活的重要支撑。

练习调节情绪的方法

情绪调节就像是驾驭一匹烈马，既要有温柔的耐心，也要有坚定的态度。掌握正确的调节方法，我们就能更好地驾驭自己的情绪，而不是被情绪所控制。以下是一些经过临床验证的实用方法：

1. "5-4-3-2-1" 感官练习

"5-4-3-2-1" 感官练习是一个简单但有效的方法。当你感到焦虑时，依次找出：5个你能看到的东西，4个你能触摸到的东西，3个你能听到的声音，2个你能闻到的气味，1个你能尝到的味道。哈佛医学院的研究显示，这个练习能够有效地将注意力从焦虑中转移出来，帮助大脑重新关注当下。

2. "4-4-6" 呼吸法

呼吸调节是另一个基础，也是重要的技巧。正确的呼吸方式是：吸气4秒，屏气4秒，呼气6秒，重复进行。这种被称为 "4-4-6" 呼吸法的技巧能够直接影响神经系统，帮助我们从焦虑状态中平静下来。

3. 身体扫描法

身体扫描是一个有效的放松方法。躺下或坐好，从脚趾开始，逐渐向上关注身体的每个部位，觉察是否有紧张感，然后有意识地放松这些部位。这个方法可以帮助我们更好地觉察和释放身体中积累的紧张。

4. 写情绪日记

情绪日记是一个长期有效的工具。可每天记录自己的情绪变化，包括：

（1）情绪发生的时间和场景；

（2）情绪的强度（1~10分）；

（3）引发情绪的原因；

（4）当时的应对方式；

（5）事后的感受和反思。

通过持续记录，我们能够更清晰地了解自己的情绪模式，从而做出更好的调节。

5. 情绪急救包

建立一个"情绪急救包"，这个急救包包含：让自己平静的音乐；舒缓情绪的精油；喜欢的照片；触感舒适的小物件；能够安抚情绪的字句或格言。

6. 运动调节

运动是调节情绪的天然良药。哪怕是简单的散步或伸展运动，都能促进大脑释放内啡肽，帮助我们改善心情。建议每天保持30分钟以上的中等强度运动。

调节情绪的目的不是消除所有负面情绪，而是学会与各种情绪和谐相处。

当我们掌握了这些方法后，就能够在情绪的海洋中更从容地航行，不再被焦虑的浪潮所困扰。

疗愈有招

建立心理防御机制并非是指逃避，而是要在认清现实的基础上，为自己构建一个灵活的保护层。它应该像竹子般具有韧性，而不是像橡树般僵硬；应该像高楼的减震系统，不是阻挡问题，而是缓冲冲击。通过建立多层次、适应性强且节能的心理防御机制，我们能够更从容地面对生活的各种挑战，远离焦虑的困扰。

开发内在治愈力量

维克多·弗兰克尔是一位在纳粹奥斯维辛集中营中幸存下来的心理学家。在他的著作《活出生命的意义》中，他描述了一个惊人的发现：即使在最艰难的处境中，人类也拥有一种强大的内在治愈力量。他观察到，那些能够在集中营中保持希望和尊严的人，往往能够激活这种内在力量。这种力量不是来自外界，而是源于人类内心深处的自我修复能力。

内在治愈力量就像是我们体内的"心理免疫系统"。就像身体能够自我修复伤口一样，我们的心理也具有自我修复的能力。这种能力往往被我们忽视，但它确实存在，并且可以通过正确的方式被唤醒和强化。

美国心理学家马丁·塞利格曼的研究为我们提供了一个很好的例证。他在治疗一位长期焦虑症患者时发现，当这位患者开始关注并发展自己的优势品格时，焦虑症状明显改善。这启示我们：开发内在治愈力量的一个重要途径就是认识和发展自己的核心优势。

要开发内在治愈力量，首先需要建立自我觉察能力。这包括：

（1）觉察自己的身体感受；

（2）觉察自己的情绪变化；

（3）觉察自己的思维模式；

（4）觉察自己的行为倾向。

通过持续的觉察，我们能够更好地了解自己的内在状态，从而更容易激活治愈力量。

其次，需要培养自我接纳的态度。很多时候，我们的焦虑源于对自我的否定和排斥。学会接纳自己的不完美，反而能够释放更多的心理能量用于自我修复。就像接受伤口的存在，才能让身体更好地进行修复一样。

建立内在对话也是一个重要方法。当你感到焦虑时，不妨试着与内心的自己对话：

"你现在感觉如何？"

"是什么让你感到不安？"

"你需要什么样的帮助？"

这种对话能够帮助我们更好地理解和照顾自己的内心需求。

发展兴趣爱好是激活内在治愈力量的另一个有效途径。当我们投入到自己热爱的活动中时，往往能够体验到一种"心流"状态。在这种状态下，焦虑自然会减轻，内在的治愈力量也会增强。

同时，我们要学会信任自己的内在智慧。很多时候，我们的身心知道自己需要什么，只是我们没有静下心来倾听。给自己一些安静的时间，让内在的声音能够被听见。

建立生活仪式感也很重要。这可以是每天固定时间的冥想，晨起时的那杯茶，或者睡前的阅读。这些仪式能够帮助我们与内在建立更稳定的连接，为治愈力量的发挥创造条件。

　　通过持续开发内在治愈力量，我们能够建立起更强大的心理韧性。这种力量不仅能帮助我们应对当下的焦虑，还能让我们在未来的挑战面前更加从容。它就像是我们内心的一盏明灯，在黑暗时刻为我们照亮前方的道路。

疗愈有招

　　每个人心中都蕴藏着强大的自愈能力，就像种子中蕴含着成长为参天大树的潜能。开发这种力量需要我们保持觉察、培养自我接纳的态度，并建立起有效的内在对话机制。通过联结内在的智慧，我们能够找到面对焦虑的独特方式，实现真正的自我疗愈。

第六章

轻松应对不同类型的焦虑

化解社交场合焦虑

社交焦虑就像是一个无形的枷锁，将我们禁锢在自己构建的心理牢笼中。它让我们在与人交往时如履薄冰，在公众场合战战兢兢。这种焦虑不仅影响我们的社交表现，更会逐渐蚕食我们的自信心，让我们失去探索更广阔社交世界的勇气。

在耶鲁大学心理学教授菲利普·津巴多的研究中，他将社交焦虑比喻为一面"扭曲的镜子"。这面镜子会放大我们在社交场合中的每一个微小缺陷，同时模糊我们身上的优点和亮光。正是这种失真的自我认知，让许多人在社交场合中无法展现真实的自我。

詹先生是一家跨国公司的高级工程师，在技术领域有着出色的表现。然而每当需要在团队会议上发言时，他总会感到强烈的不适。"我的大脑就像被病毒入侵的电脑，所有的程序都开始失灵。"他说，"即使是再简单的技术问题，到了会议上我也可能表述不清。"这种状况不仅影响了他的工作表现，还让他错过了多次晋升的机会。

通过与心理咨询师的合作，詹先生逐渐找到了应对社交焦虑的方法。第一个突破口是改变对社交场合的认知框架。通过咨询师的帮助，他意识到，会议不是考场，同事也不是评判官，每个人的注意力往往都在议题本身，而不是评判别人的表现。

其次，詹姆斯学会了"渐进式暴露"的方法。他先从小组讨论开始练习，逐步过渡到部门会议，最后才是全公司的重要场合。这就像游泳训练，先在浅水区适应，然后再逐渐向深水区进发。这种循序渐进的方式让他能够在相对安全的环境中建立信心。

更重要的是，詹姆斯发现了一个关键点：当他将注意力从"我表现得怎么样"转移到"如何让团队理解这个技术方案"时，焦虑感会明显减轻。这种从自我关注转向任务关注的转变，成为他克服社交焦虑的重要转折点。

社交焦虑就像是一个过度敏感的警报系统，它会对社交场合中的任何小细节都产生强烈反应。要化解这种焦虑，我们需要重新校准这个系统的敏感度。这包括学会区分正常的紧张和过度的焦虑，理解不是所有的社交互动都需要完美表现。

国内一个研究团队发现，高达 75% 的人在公开演讲时会感到不同程度的焦虑。这个数据告诉我们，社交焦虑是一种普遍现象，而不是个人的特殊问题。认识到这一点，就能减轻我们的心理负担。

与社交焦虑和平相处的关键，在于建立一个良性的社交循环。每一次成功的社交经历，都会成为我们克服焦虑的"免疫抗体"。在这个过程中，我们要学会善用"心理锚点"。这可以是一个令人安心的呼吸节奏，是一句给自己勇气的话，或者是一个能带来力量的姿势。这些锚点就像是暴风雨中的避风港，能够在社交焦虑来袭时为我们提供及时的庇护。

情绪调节技巧在应对社交焦虑时也起着重要作用。当我们焦虑时，大脑往往会进入"战或逃"的应激状态。这时，简单的深呼吸练习就能帮助我们重新获得控制感。通过调节呼吸的节奏，我们可以告诉身体："现在是安全的，不需要进入防御状态。"

社交焦虑不会完全消失，学会与它和谐共处，可以将它转化为推动自己前进的动力。

疗愈有招

社交焦虑就像是一条湍急的河流，直接阻挡它的力量往往会适得其反。更明智的做法是学会顺势而为，像一位熟练的舵手那样，借助水流的力量来掌控方向。通过不断的练习和调适，我们终将能够在社交的江河中自如畅游，享受与人交往的乐趣。

缓解工作压力焦虑

某一个秋夜，中关村某科技公司的高管迈克（化名）独自坐在空荡荡的办公室里，盯着电脑屏幕发呆。作为一家人工智能创业公司的技术总监，他刚刚结束了一场持续到凌晨的远程会议。"那段时间，我的生活就像一台永远无法关机的计算机，"他回忆道，"即使躺在床上，大脑也在不停地运转，计算着各种可能出错的环节。"这种持续的工作压力最终导致他出现了严重的焦虑症状。

工作压力焦虑就像一个无限循环的程序，不断消耗着我们的心理能量。它不仅影响工作效率，更会逐渐侵蚀我们的身心健康。在当今快节奏的职场环境中，这种焦虑已经成为许多职场人的共同困扰。

斯坦福大学商学院教授杰弗里·普费弗在他的研究中指出，工作压力焦虑往往源于我们对工作的错误认知模式。他将这种状态比喻为"困在跑步机上的仓鼠"——不管怎么跑，似乎都找不到终点，最终耗尽所有能量。

安娜是一位资深的金融分析师，在上海的金融界工作多年。有一段时间里，市场波动加剧，她需要频繁调整投资策略以应对风险。"每天早上醒来第一件事就是查看全球市场动态，生怕错过任何重要信息。"她说，"这种状态就像是在玩一个永远看不到终点的俄罗斯方块游戏，方块下落的速度越来越快，而我的反应却越来越迟钝。"

通过寻求职业心理咨询，安娜逐渐找到了缓解工作焦虑的方法。

首先，建立工作边界感。安娜开始严格区分工作时间和私人时间，设定固定的"信息接收窗口"，而不是全天候待命。这就像给自己的大脑设置了一个防火墙，在特定时段过滤掉工作信息的干扰。前面提到的迈克，后来通过定期的"数字断食"——在周末完全远离工作设备，走出了职场焦虑。

其次，安娜学会了"任务分层"的工作方法。她将工作任务按照轻重缓急分为不同层级，对不同级别的任务采取不同的响应策略。这种方法就像是给任务设置了一个优先级缓冲器，帮助她在繁忙的工作中保持清晰的判断。

再者，避免"完美主义陷阱"。Google 公司的人力资源专家萨拉·梅耶提出了"足够好"原则。她认为，过分追求完美反而会适得其反，学会在合适的时候说"这样就够好了"也是一种职场智慧。

此外，建立情绪缓冲区。就像计算机需要缓存一样，我们的大脑也需要一定的缓冲空间来处理工作压力。这可以是午间 15 分钟的小憩，可以是下班后的运动时光，也可以是周末的兴趣活动。这些缓冲区能够帮助我们及时释放积累的压力，避免焦虑情绪的持续累积。

疗愈有招

工作压力焦虑就像是大海中的浪潮，我们无法阻止它的到来，但可以学会在浪潮中保持平衡。通过建立合理的工作边界、调整完美主义倾向、设置情绪缓冲区、培养工作掌控感等方式，让我们能够在职场的惊涛骇浪中从容前行。记住，工作焦虑不是对你能力的否定，而是提醒你需要调整航向的信号。

摆脱对时间的焦虑

你是不是整天因为害怕上班迟到而死盯着手表不放，恨不得睁开眼就坐上电车，然后在电车里洗脸刷牙；你有没有每天为工作进度而紧张不已，恨不得再变出另一个自己帮你上班打卡、排队买午饭、整理文件；你有没有因为被堵在上班路上而急躁不已，恨不得丢掉车子，利用法术"瞬间移动"到公司？

如果你每天都走在追逐时间的路上，每天都为时间不够用而焦虑不已，那么你就应该注意了，因为你很有可能患上了时间焦虑症。什么意思呢？就是你总是对时间产生焦虑，不断地问自己时间来不来得及、这样算不算在浪费时间。

时间焦虑症是指人们因为对时间过于关注从而产生的情绪波动、生理变化现象。现在，快节奏的现代生活，让很多都市白领感到时间越来越不够用，在事业上的专注使人们对紧迫的时间感到焦躁不安、过度紧张，长此以往会引起身体不适。它就像是一个每天在体内不断升温的炸弹，说不定哪天就会因为过度焦虑而导致爆炸，搞垮我们的身体。

我们经常会遇到这样一类人，做事总是匆匆忙忙，吃饭速度飞快，不喜欢无所事事，如果有一段时间什么也没做，就觉得自己是在浪费生命，会产生严重的罪恶感。有些人会因为花两个小时散步而觉得虚度光阴，会因为看场电影而觉得自己浪费了生命，网速慢便不自觉地开始焦躁，其实这是多大点的事？又能耽误什么呢？这个时代的生活节奏太快，快得连几秒钟都舍不得等，为什么每天要做的事情过多会觉得烦躁，有时候好不容易清闲下来，反而感觉错失了更多呢？大家都说厌倦了快节奏的生活，希望生活能够慢下来，可是身体和情绪早已习惯了奔跑的节奏，就算没有事情追赶着你，身心还是静不下来。

王先生就是一名严重的时间焦虑症患者，他每天都活在对时间的焦虑中。

"我对自己的这种焦虑实在是没有任何办法，特别是在放假的时候，我更是焦虑不已。虽然自己正处在假期里，但是我绝对不能浪费时间。我每天都问自己，是否将时间做到了最充分的安排？我对家庭做了有意义的事情了吗？如果能够安排时间出去旅游一下那才对得起自己的假期。我要出去钓鱼、爬山，购物也可以，总之要丰富、充实地度过，这样我才觉得没有浪费一个假期，等我回头再看人生的时候才会觉得没有虚度，才可以问心无愧。"

王先生也意识到自己有时间焦虑症，他也明确地告诉自己要调整。"当我发现自己又在为时间焦虑时，我就下意识地告诉自己，不要对自己太苛刻，要懂得享受生活，偷懒一下又有什么过错呢？可是这样的自我安慰效果只是一时的，很快我又会为无所事事而焦虑不已。这种矛盾让我无法从时间的焦虑中解脱出来，每天都过得很累。"

其实，王先生的时间焦虑症最根本的原因就是对人生价值的追求，他认为只有充分利用每一分钟，才能让人生过得有意义，才能对得起自己来到这个世上走一遭。他的时间是花在了自己身上，还有一些人是把时间花在了别人身上，也觉得时间不够用。

喜欢为别人花费时间的人，哪怕是下班后很累，只要有人提出要求或者和他商量事情，他都不会拒绝。因为他们对自己的道德要求太过严格，他们不喜欢别人认为自己清高、自私，他们仿佛圣人一样，宁可让自己为难也绝对不愿意看到别人为难。他们总是为别人服务，把时间花费在别人身上，倾听、安慰或是帮助别人，而如果他们的时间没有用来做这些事情，而是用在了自我享受上，他们回忆起来总会觉得良心不安。

时间焦虑者的这种"热心"就像一种自我绑架，反而让他们觉得自己内心很空虚。他们把时间都用在了别人身上，而自己的事情往往占不了生活的多大部分，他们每天看起来忙忙碌碌，但是冷静下来会发现，自己的事情什么也没做，顿觉空虚不已。

这看起来是一种无私，但实际上是对自己的不负责任。这不仅会让别人养成依赖他人的习惯，还会让自己的生活成了别人的辅助品。要知道，很多时候别人都是因为懒惰才不愿意去处理自己的事情，如果你给予帮助，在一定程度上就等于助纣为虐。其实，有时候我们的事情较之别人的事情要重要得多、紧急得多，如果这时候你还要为别人的事情忙碌，显然没有将时间用在该用的事情上，这是浪费时间的表现。

作为这种为别人的生活而忙碌的人，首先要从别人的生活里解脱出来。事情总有轻重缓急，要先将自己的生活安排好，有了剩余时间才能答应别人的请求。

人要想摆脱对时间的焦虑，必须先弄明白每一件事情存在的意义。比如，如果你觉得自己最近很累，那么睡觉的时间就显得尤为重要，它会帮你恢复体力，好应对每天繁忙的工作；如果你最近的工作压力太大，那么请几天假出门旅旅游会是不错的选择，这不是在浪费时间，而是劳逸结合，舒缓你的心情，调整你的心态。只要是为了一定的目的去利用时间，无论是睡觉、郊游、健身，这些时间都会变得很有意义。只有明白了时间的意义，才不至于每天为自己在浪费时间而焦虑。

疗愈有招

　　时间焦虑就像是一位无情的追赶者，让我们在忙碌中失去了生活的节奏感。克服这种焦虑不是要我们放弃对时间的珍惜，而是要学会更明智地使用时间。通过合理规划、设定优先级，以及在忙闲之间找到平衡，既能够既充分利用时间，又不被时间的紧迫感所支配。

消除经济造成的焦虑

生活在现代，衣食住行样样离不开钱。

即使是高收入群体，也有不少人经常感受到经济上的焦虑。这种焦虑不仅关乎实际的经济状况，更深层次的原因往往来自对经济安全的心理需求。他们拥有丰裕的经济储备，却依然会为未来的不确定性而焦虑不安。

小罗和小丽是一对年轻的夫妇，他们都在科技公司工作，收入在同龄人中算是中上。然而，自从决定要孩子之后，他们就开始为未来的经济压力而忧心忡忡。"房贷、教育基金、医疗保险、养老储蓄……这些数字在脑海中盘旋，就像一道永远算不完的数学题。"小丽说。这种持续的经济压力影响到了他们的生活决策和情绪状态。

通过与心理咨询师和理财顾问的合作，这对夫妇逐渐找到了应对经济焦虑的方法。

首先，建立财务意识框架。他们开始详细记录每一笔收支，不是为了苛刻地限制开销，而是为了建立对自己经济状况的清晰认知。这就像是给模糊的经济压力表装上了一个"高清显示器"，让所有的担忧都变得具体和可控。

其次，他们学会了"分层储蓄法"。将储蓄分为应急基金、短期目标基金和长期投资三个层次，每个层次都有明确的目标和使用规则。这种方法就像是建造了一座经济堡垒，不同层次的储蓄就像是堡垒的不同防线，给人以安全感。

除了以上方法，还有以下几个消除经济焦虑的方法。

1. 建立正确的经济观

有压力管理专家提出了"经济观"的概念，建议人们每天花一些时间，静下心来审视自己的经济状况和相关情绪。在实践中，我们首先要打破金钱幻觉。很多人会将金钱等同于安全感或自我价值，这种认知很容易导致过度焦虑。实际上，金钱只是用来实现自我价值的工具，当我们过分看重金钱本身时，反而会陷入永不知足的焦虑陷阱。

2. 发展多元化思维

发展多元化思维，不仅指投资的多元化，更包括能力的多元化、职业发展路径的多元化等。当我们拥有多种选择时，自然会减少对单一经济来源的依赖和焦虑。

3. 培养弹性思维

具备弹性思维的人，既不会被短期的经济波动所困扰，也不会对未来抱有不切实际的期待。

要培养这种弹性思维，需要建立合理的预期。经济生活本来就充满不确定性，追求绝对的安全感反而会加重焦虑。就像航海一样，重要的不是期待风平浪静，而是学会在波动中保持平衡。

疗愈有招

经济焦虑就像是一道无形的枷锁，禁锢着我们的心灵自由。克服这种焦虑，关键不在于拥有多少财富，而在于建立健康的金钱观和科学的理财意识。通过合理规划、分散风险，让我们能够在经济波动中保持心理的稳定性。要记住，金钱只是用来实现自我价值的工具，过度关注反而会模糊人生的真正价值。

处理人际关系焦虑

一位叫艾琳（化名）的年轻女性看起来光鲜亮丽，是一家知名公司的市场经理，但内心却饱受人际关系焦虑的困扰。"我的朋友都说我很擅长社交，但他们不知道在每一段关系中我都像是在走钢丝。"艾琳说。她总是害怕说错话，担心别人是否真的喜欢她，甚至会反复检查发出的每一条信息。显然，这种状态实在太累了。

人际关系焦虑如同一面放大镜，会将人际交往中的每一个细节都无限放大，让我们在关系中失去安全感和自然感。有社会心理学家将这种状态比喻为"关系中的地震仪"——过于敏感地捕捉着每一个微小的波动。

人际关系焦虑的形成往往与我们的成长经历密切相关。著名心理学家约翰·鲍比认为，早期的依恋关系会深刻影响一个人未来的人际互动模式。这就像是在我们心中安装了一个"关系操作系统"，它决定我们如何理解和处理人际关系。要想建立这个操作系统，需要从以下几点入手。

1. 设立关系边界

李女士是一位高中教师，她一直为如何平衡与学生、家长和同事的关系而困扰。"每次收到家长的信息，我的心就会悬起来。"她说，"即使是表扬的话，我也会想是不是对方只是在客气。这种过度解读让我在工作中很难放松。"

经过几个月的心理咨询，李女士学会了一个重要的概念："关系边界"。这就像是在人际交往中画出一个安全区域，既不会过分靠近让自己感到不适，也不会过度疏远影响正常交流。她开始尝试在与他人互动时保持适度的情感投入，而不是总试图完美地满足每个人的期待。

2. 赋予情感弹性

不要期待每一段关系都完美无缺，学会接受关系中的起伏和不确定性。这就像是给关系装上了减震器，能够更好地应对互动中的波动。这种弹性体现在能够在亲密和独立之间找到平衡，既不会因为害怕受伤而封闭自己，也不会因为害怕孤独而过分依附他人。

3. 建立情感检查站

在人际互动中，定期停下来审视自己的情绪状态，就像是给自己安装了一个情感检查站，帮助我们及时觉察和调整过度紧张的状态。

4. 培养自己的兴趣爱好和能力

当我们在某些领域有所建树时，自然会增加自信心，这种自信也会积极影响我们的人际交往。同时，共同的兴趣爱好往往能成为建立人际关系的良好契机。

适度的人际关系焦虑是正常的，它反映了我们对人际关系的重视。关键是要找到一个平衡点，既不让焦虑主导我们的社交生活，也不过分压抑或否认这种情绪。通过不断的实践和调整，我们能够逐步建立起更健康的人际互动模式，享受真实而深入的人际联结。

疗愈有招

　　人际关系焦虑就像是一场微妙的舞蹈，需要我们在亲密和距离、真实和得体之间找到平衡。通过建立健康的关系认知、培养情感调节能力、构建支持性网络，我们能够在人际关系中既保持真实的自我，又享受与他人联结的温暖。记住，完美的关系可能不存在，但温暖而真实的关系触手可及。

应对重大决策焦虑

在某知名大学的应届硕士毕业生小亚面前，摆着三份来自不同公司的录用通知。一家是国内知名科技公司，提供极具竞争力的薪资；一家是充满创新活力的初创企业，能让他在核心团队施展才华；还有一家是他家乡的企业，虽然规模相对较小，但能让他兼顾家庭。

"每一个选择似乎都很好，但做决定的过程却让我痛苦不已，我害怕任何一个选择都会让我后悔终身。"小亚为此焦虑不已。

重大决策焦虑就像是一个复杂的迷宫，每一个转折都可能通向完全不同的人生方向。诺贝尔经济学奖得主丹尼尔·卡尼曼在他的研究中指出，人们在面对重要决策时，往往会陷入"决策瘫痪"状态。这种状态就像是在棋盘前突然失去了行动能力的棋手，被各种可能性和不确定性所困扰。

莎莎是一位资深律师，在执业 15 年后面临转型抉择。她可以选择继续在大型律所打拼，争取成为合伙人；也可以选择自己开设律所，实现职业独立；还可以转向法律教育领域，分享她丰富的经验。这些想法在她的脑海里反复徘徊，就像一个永远解不开的方程式。她开始失眠，甚至出现了轻微的抑郁症状。

决策焦虑的形成往往与我们的认知模式有关。哥伦比亚大学的决策心理学家保罗·格林将这种状态比喻为"思维的死循环"。我们不断收集信息，反复权衡利弊，却始终无法跳出这个循环。就像一个陷入泥沼的人，越是挣扎反而陷得越深。

面对重大决策焦虑，我们需要采取科学而系统的方法来应对。

首先，接纳不确定性。生命中最大的确定性，是不确定性本身。我们需要明白：没有完美的选择，每个决定都会带来机遇和挑战。

其次，运用"10-10-10 法则"进行决策分析。这个方法由著名作家苏西·韦尔奇提出，即思考这个决定在 10 分钟、10 个月和 10 年后会带来什么影响。比如小亚的选择，如果去知名科技公司，短期内会获得优厚待遇，中期可能积累丰富的行业经验，长期则可能在科技领域建立自己的事业版图。这种多维度的思考有助于我们跳出当下的困扰。

第三，建立决策清单。将所有关键因素列出来，包括职业发展、个人成长、家庭关系、生活质量等，给每个因素设定权重。莎莎在做决策时，可以将执业经验的积累、个人时间的自主性、经济收入的稳定性等因素进行量化评估，这样能够让决策过程更加客观理性。

第四，设定决策期限。无限期的思考往往会加剧焦虑。给自己设定一个合理的决策时间，比如两周或一个月，在此期间收集信息、权衡利弊，但必须在期限内做出决定。这样可以避免陷入过度分析的陷阱。

第五，寻求专业建议。可以咨询行业内的资深人士，或者寻求职业规划顾问的帮助。他们的经验和洞见往往能为我们提供新的视角。但要注意的是，最终的决定权仍在自己手中。

最后，要学会与自己和解。任何决定都可能存在遗憾，这是人生的常态。心理学家丹·吉尔伯特的研究表明，人类具有极强的适应能力，我们往往会高估决策失误带来的负面影响。即便做出了"错误"的选择，我们也能在新环境中找到成长的机会。

重要的是要明白：决策本身并不是终点，而是新的起点。与其沉溺于选择的正确与否，不如思考如何让选择的结果变得更好。保持开放和积极的心态，努力在选定的道路上开创属于自己的精彩人生。

疗愈有招

重大决策的焦虑就像是站在人生的岔路口，每个选择都可能导向不同的未来。面对这种焦虑，需要我们建立系统的决策框架，学会权衡利弊，同时又不陷入过度分析的陷阱。要明白没有完美的选择，重要的是在决定之后全力以赴，让每个选择都成为成长的机会。

克服健康相关焦虑

"当我第一次在脖子上摸到那个小肿块时,整个世界仿佛都静止了。" 28岁的科技公司程序员小吴回忆道。在接下来的一个月里,他反复搜索各种相关症状,辗转于不同的医院,做了大量检查。最终,这个肿块被证实只是一个良性的淋巴结增生。但即使医生给出了确诊,小吴还是会在深夜醒来,担心会不会有什么地方被忽略了。这种持续的健康焦虑,严重影响了他的工作和生活质量。

健康焦虑就像是体内安装了一个过度敏感的警报系统,它会对身体的任何细微变化发出警报。约翰·霍普金斯大学的医学心理学家玛丽安·弗里德曼将这种状态比喻为身体的回声室——任何轻微的不适都会被放大,在意识中不断回响。

一项研究显示,全球约有 35% 的人经历过不同程度的健康焦虑。这种焦虑不仅影响已经出现症状的人,也困扰着那些暂时健康的人。人们开始过度关注自己的身体状况,甚至出现了健康检测强迫症。

珍妮是一位瑜伽工作室的老师,她原本对身体有着敏锐的觉察力。然而,这种觉察在去年逐渐变成了一种负担。她开始痴迷于检查自己的心率、血压和各种身体指标。她说,"每一次轻微的心律不齐都会让我联想到最坏的结果。这种状态就像是被困在一个永无休止的体检循环中。"

要克服健康相关焦虑,首先要调整认知模式。健康焦虑往往源于对身体信号的过度解读和灾难化思维。通过认知行为疗法(CBT),我们可以学会识别并纠正这些非理性认知。例如,当出现轻微症状时,不要立即联想最坏结果,而是客观分析症状的多种可能性。同时,可以培养接纳不确定性的心态,承认人的身体状况总会有波动,这是正常现象。

其次,建立科学的健康管理习惯。过度检查和求医反而会加重焦虑,应当建立合理的体检计划,遵医嘱进行必要检查即可。同时,将注意力转移到积极的健康行为上,如规律运动、均衡饮食、充足睡眠等。这些行为本身就能提升身心健康,也有助于建立对身体的信心。

寻求专业帮助也很重要。心理咨询师可以提供专业的认知行为治疗,帮助识别焦虑触发因素,学习应对技巧。定期咨询固定的家庭医生,建立互信关系,可以获得专业、连续的健康指导,避免盲目就医。

此外,社会支持网络不可或缺。与家人朋友分享焦虑感受,获得情感支持;参加互助小组,与有相似经历的人交流经验;培养工作和兴趣爱好,丰富生活内容,避免过度关注身体状况。

最后,建立健康信息的甄别能力。面对网络上海量的健康资讯,要学会分辨可靠信息源,避免被未经证实的信息误导。可以通过阅读权威医疗机构发布的科普文章,提升健康素养。

克服健康焦虑是一个渐进的过程,需要耐心和坚持。通过以上多管齐下的方法，配合专业指导，大多数人都能逐步建立起更健康、理性的身心状态。关键是要找到焦虑与关注健康之间的平衡点，既不过度担忧，也不完全忽视身体发出的信号。

疗愈有招

健康焦虑就像是一面放大镜，它可以帮助我们及时发现健康问题，但如果倍数太高，反而会扭曲，影响我们的判断。学会调节这面放大镜的倍数，在关注和放松之间找到平衡，才是维护身心健康的智慧之道。

- 第七章 -

构建抵抗焦虑的长效机制

建立日常预警系统

过去 5 年里，某科技企业的首席工程师丽莎一直保持着出色的工作表现。她总能在最关键的项目节点调动起最佳的工作状态，然而最近她却突然因为严重的焦虑症住院了。"现在回想起来，那些预警信号其实早就出现了，失眠、情绪波动、注意力无法集中……但我一直选择忽视它们，直到身体彻底罢工。"她说。

焦虑就像是一座正在发育的火山，在爆发之前往往会发出种种预警信号。构建一个有效的日常预警系统，就像是在这座火山上安装监测设备，能够帮助我们及早发现潜在的危机，做出及时的调整。

哈佛医学院的神经科学家瑞秋·格林在一项长达 10 年的研究中发现，大多数焦虑症患者在出现严重症状前，都经历过一个预兆期。此期间通常持续 3~6 个月，如果能够在这个阶段及时识别和干预，就可能避免焦虑火山的全面爆发。

秋树是一位资深的企业顾问，他发现自己开始对客户会议感到莫名的抗拒。最初只是一种轻微的不适感，后来逐渐演变成会议前的胃痛和头晕。如果那时候他能意识到这些都是焦虑的预警信号，也许就不会发展到后来需要请长假调养的地步。

建立一个有效的日常预警系统，就像在我们的生活中安装一个细致入微的健康雷达。这个系统不仅能够帮助我们及时捕捉身心发出的微弱信号，更能在问题恶化之前提供及时的干预机会。

首先，我们需要学会觉察和记录自己的身心状态。这包括对睡眠质量的关注——是否经常失眠、半夜惊醒；对情绪变化的观察——是否容易烦躁、心情起伏加大；对行为模式的监测——工作效率是否下降、是否开始逃避社交场合。就像丽莎的例子所示，这些细微的变化往往是更严重问题的预兆。通过每天花费 5~10 分钟记录这些状态，我们能够建立起对自己身心状态的清晰认知。

为了使这个预警系统更加科学和可操作，我们可以借助现代科技的力量。比如使用智能手环监测睡眠质量和心率变化，使用手机 App 记录每日情绪和能量水平。这些数据能够帮助我们更客观地评估自己的状态，及时发现潜在的问题。正如秋树的经历表明，如果能够早期发现对会议的抗拒感，并将其视为焦虑的预警信号，也许就能避免后续的严重后果。

同时，预警系统还需要设置不同的警戒等级。当出现轻微的不适感时，这是黄色预警，提示我们需要适当调整作息、增加运动量或放松活动。如果症状持续或加重，升级为橙色预警，此时应该考虑寻求专业咨询，适当减少工作强度。若出现严重影响工作生活的症状，就是红色预警，需要立即采取休假调养或就医等措施。

建立支持网络是预警系统中至关重要的一环。这个网络应该包括值得信赖的家人朋友、专业的心理咨询师、理解的上级主管等。当预警系统发出信号时，我们需要这些支持力量的介入和帮助。比如，可以和家人分享自己的情绪变化，与心理咨询师探讨应对策略，必要时和主管沟通调整工作安排。

需要强调的是，预警系统并非一成不变，而是需要不断优化和调整的动态过程。我们要定期评估系统的有效性，根据个人特点和实际情况做出调整。比如，有些人可能对工作压力特别敏感，那么就需要更多关注工作相关的指标；有些人则可能对人际关系变化反应更大，就要着重观察社交方面的变化。

最重要的是，这个预警系统的建立不应该成为我们的额外负担。它应该像晨起刷牙一样成为生活的自然习惯，帮助我们更好地了解自己，管理压力，维护身心健康。通过持续的观察和记录，逐渐建立起对自己身心状态的敏锐感知，在问题萌芽阶段就做出调整，避免小问题演变成大危机。

疗愈有招

一个有效的预警系统就像心灵的温度计，能够帮助我们及时发现潜在的危机。它需要我们建立对身心状态的敏锐觉察，并设置不同的警戒等级。通过持续的记录和调整，帮助我们在问题恶化之前及时采取干预措施，维护心理健康。

培养积极生活习惯

"如果说战胜焦虑是一场持久战，那么积极的生活习惯就是我们最可靠的盟友。"这是一位心理专家对一位患者说的话。在这位专家 20 多年的临床实践中，她发现那些能够真正摆脱焦虑困扰的人，往往都培养出了一套积极的生活习惯。

习惯就像是我们大脑中的自动程序，一旦形成，就会在不知不觉中影响我们的生活。根据神经科学研究表明，人的一天中约 45% 的行为是由习惯驱动的。这些习惯就像是编织在生活中的一张大网，既可能把我们困在焦虑的深渊，也可能将我们托举到平静的高地。

一位知名的纪录片导演，曾经因为工作压力导致严重焦虑。他感觉自己如同一艘失去方向的船，在焦虑的风暴中随波逐流。后来，通过培养积极生活习惯，逐渐重新找回了内心的平静。

习惯的形成过程，类似于种植一棵树：需要合适的土壤（环境）、精心的培育（坚持）和适当的养分（奖励）。只有这三个要素都具备，好习惯才能真正扎根成长。

通过制定规律的作息时间，这位导演开始重建生活的秩序感。每天早上 6 点起床，用 15 分钟进行冥想，让混乱的思绪逐渐平静下来。接着花 30 分钟晨跑或瑜伽，让身体充满活力。这些看似简单的习惯，就像给焦虑的土地播撒希望的种子。

为了让这些习惯真正生根发芽，他创造了适合自己的环境。他把家里收拾得整洁有序，在床头放置一个传统闹钟而不是手机，避免晚上刷手机的诱惑。客厅的一角被布置成冥想专区，铺上舒适的坐垫，点上安神的香薰，营造出宁静祥和的氛围。

坚持的过程并非一帆风顺。有时工作到深夜，第二天就会特别想赖床。遇到这种情况，他会告诉自己：就算只做 5 分钟也行。通过降低门槛，让自己更容易跨出第一步。

为了给好习惯"施肥"，他设计了一套奖励机制。每坚持晨练一周，就允许自己周末去最爱的咖啡馆享受一顿悠闲的早午餐。连续保持作息规律一个月，就带团队去郊游放松。这些快乐的期待，让坚持变得更有动力。

随着时间推移，这些习惯逐渐在他的生活中生根发芽。规律的生活让他的精力更加充沛，工作效率显著提升。更重要的是，他发现自己不再像以前那样容易焦虑，面对压力时也能保持平和的心态。

这位导演的经历告诉我们，培养好习惯不仅仅是简单的重复，更需要营造适宜的环境、保持耐心的坚持，以及给予自己适当的奖励。当这三个要素相辅相成时，好习惯就能如同一棵茁壮的大树，给我们的生活带来持久的改变。

在培养积极习惯时，还需要注意以下几个关键点：

首先是渐进式推进。改变不是一蹴而就的，而是一个循序渐进的过程。这就像是复利效应，看似微小的进步累积起来会产生惊人的效果。罗林是一位软件工程师，他一开始给自己定的目标很小，只要求自己每天早上做一个俯卧撑。他说，"这个目标小到让人无法拒绝。等我养成了早起运动的习惯，自然而然就会做更多。"这种策略就像是滚雪球，从一个小小的开始，逐渐积累成更大的改变。

其次是弹性调整。好习惯的养成不是一条笔直的直线，而是一条充满起伏的曲线。要学会在这个过程中保持弹性，适时调整策略。这就像是驾驶汽车，需要根据路况随时调整方向盘。

同时，建立习惯跟踪系统。这可以是一个简单的记录本，也可以是手机上的应用程序。通过记录和追踪，能够更直观地看到自己的进步，这种可视化的反馈会极大地增强我们的坚持动力。

在培养新习惯的过程中，替代策略也很重要。与其强行戒除不良习惯，不如用积极的新习惯去替代它。这就像是在花园里，与其苦苦清除杂草，不如种上美丽的花朵，让它们自然挤占杂草的生存空间。

疗愈有招

　　培养积极生活习惯就像是在建造一座抵御焦虑的堡垒，每一个好习惯都是这座堡垒的一块基石。通过科学的方法、持续的努力和适当的奖励，逐步建立起一套健康、积极的生活模式，让焦虑在这些良好习惯的防护下无处可存。记住，改变的关键不在于速度，而在于方向和持续性。让我们以积极的习惯为帆，驶向更加平静美好的人生航程。

建立支持性网络

正如一句名言所说："没有人是一座孤岛。"在面对焦虑时，我们不必独自承担。一个健康的支持性网络，能够让我们在人生的旅程中走得更远、更稳。它就像是黑夜中的星光，虽然每一颗星都很微弱，但当它们连接成网络时，就能照亮我们前行的道路。

支持性网络就像是一张无形的安全网，当我们在生活的钢丝上摇摇欲坠时，它能够及时托住我们。这个网络不仅包括家人和朋友，还应该包括专业人士、同行伙伴，甚至是线上社群。建立这样一个网络，需要我们突破"把所有的事都自己扛"的思维定式，学会在适当的时候向他人寻求帮助。

支持性网络分为多个圈层。最内层是亲密圈，包括家人和最亲近的朋友。这些人通常能够在情感上给予我们最直接的支持。中间层是社会支持圈，包括同事、普通朋友和兴趣小组的伙伴。他们能够在生活和工作中提供实际的帮助和建议。外层是专业支持圈，包括心理咨询师、医生等专业人士，他们能够在专业层面给予指导。

从事医疗器械销售的李先生是这样建立支持性网络的："我把支持性网络分成了几个小组：家庭群组负责给予情感支持，行业交流群帮助分担工作压力，运动伙伴群则让我保持健康的生活方式。每个群组都有其特定的功能，这让我在面对焦虑时有了更多的资源可以利用。"

建立支持性网络需要遵循以下原则：

首先是真诚原则。在与他人建立联系时，要保持真实和坦诚。虚假的关系不仅无法提供真正的支持，反而会加重我们的心理负担。就像在建造房屋时，只有牢固的地基才能支撑起整个建筑。

其次是互惠原则。良好的支持关系应该是双向的。我们在获得他人帮助的同时，也要学会给予支持。这种互惠不一定是等价的，但要体现出关心和感激。澳大利亚心理学家约翰·卡恩斯的研究表明，那些能够在支持网络中保持互惠关系的人，往往能够获得更持久和稳定的社会支持。

第三是边界原则。即使是最亲密的关系也需要保持适当的界限。这包括懂得在合适的时候说"不"，也包括尊重他人的个人空间。清晰的边界能够让支持关系更加健康和持久。

在维护支持性网络时，我们还需要注意以下几点：

1. 定期维护关系

就像园丁需要经常浇水和修剪以保持花园的活力，我们也需要通过定期联系和互动来维护支持网络。这可以是简单的问候，也可以约定固定的见面时间。

2. 提高沟通质量

在寻求支持时，要学会清晰地表达自己的需求。模糊的表达可能导致误解，反而无法获得有效的帮助。同时，也要学会倾听他人的建议和反馈。

3. 培养共同兴趣

与支持性网络中的成员发展共同的兴趣爱好，可以让关系更加紧密。这些共同活动既能增进感情，又能帮助缓解焦虑。

4. 建立危机响应机制

当焦虑达到难以控制的程度时，要知道该联系网络中的哪些人，以及如何寻求帮助。这就像是为自己设置了一个紧急呼叫系统。

同时，我们也要学会合理利用线上资源。在当今社会，网络支持群体也是重要的支持来源。但要注意甄别信息的可靠性，避免被错误信息误导。

记住，建立支持性网络不是一蹴而就的事情，它需要时间和耐心。就像编织一张渔网，每一个结都需要仔细打好。随着这张网越织越大、越织越密，我们应对焦虑的能力也会随之增强。这个网络不仅能够帮助我们度过焦虑时期，还能为我们的生活增添更多的色彩和温暖。

疗愈有招

支持性网络就像生命中的安全绳索，能在我们摇摇欲坠时提供及时的帮助。它不仅包括亲密的家人、朋友，还应涵盖专业人士和同行伙伴。建立这样的网络需要真诚、互惠，同时也要保持适当的边界。通过定期维护和深化这些关系，让我们能在面对焦虑时获得更多支持和理解。

让生活充满仪式感

让生活充满仪式感，不仅能让我们的生活更有秩序和意义，还能帮助我们缓解焦虑、找回内心的平静。生活仪式感就像是为日常生活注入的一剂定心丸，让我们在忙碌中也能找到安定感和掌控感。

生活仪式感不是简单的重复行为，而是一种带有特定意义和情感联结的习惯性活动。比如每天清晨泡一杯茶，静静品味 10 分钟；或是每周五下班后给自己买一束花，装点周末的心情。这些看似普通的行为，因为赋予了特殊的意义而成为安定内心的锚点。

记得我的一位来访者小林，她是一名互联网公司的产品经理。在工作压力和生活节奏的双重挤压下，她经常感到焦虑和失控。通过咨询，我建议她尝试在生活中建立一些仪式感。她开始每天早起半小时，在阳台上放一张小桌子，泡一杯红茶，看着初升的太阳，写下当天的三个小目标。短短一个月，这个简单的晨间仪式就帮助她找回了生活的节奏感，焦虑程度明显降低。

建立生活仪式感，可以从以下几个维度着手：

首先是时间维度的仪式感。这包括每日、每周和每月的固定活动安排。比如工作日的早餐可以固定为燕麦、水果和咖啡的搭配；周末早晨可以约上好友去固定的咖啡馆聊天；每月最后一个周末可以给自己安排一次"美好一日"，去做一些期待已久的事情。这些固定的时间安排能给生活带来可预期性，减少未知带来的焦虑。

另一位来访者小王就通过建立作息仪式感改善了长期的睡眠问题。他制定了严格的睡前流程：晚上 9 点后不再接触工作相关的事务，9：30 分泡个热水澡，然后用 15 分钟时间整理房间，最后点上香薰蜡烛，听着轻音乐看一会儿纸质书。这个仪式持续一段时间后，他的入睡时间从以前的 2~3 小时缩短到了 20 分钟左右。

空间维度的仪式感同样重要。这意味着给生活空间的每个角落都赋予特定的功能和情感联结。例如，在家里划分出专门的工作区域和休息区域，在书房摆放让人心安的绿植，在床头放置舒缓的香薰。通过这种空间划分，我们能够在不同区域自然切换状态，更好地平衡工作和生活。

社交维度的仪式感则体现在与他人的互动模式中。比如每周日晚上和父母视频通话，每月和好友固定聚会一次，或是参加固定的兴趣小组活动。这些社交仪式能够维系重要的人际关系，给生活带来情感支持和归属感。

还有一位来访者小美，她通过建立"感恩日记"的仪式感，改善了长期的情绪问题。每天睡前，她会用 10 分钟时间写下当天发生的三件值得感恩的小事。起初她觉得很难找到值得记录的事情，但慢慢地，她开始注意到生活中的点点滴滴：同事送来的一杯咖啡、公交车上遇到的善意、阳台上开出的一朵小花。这个简单的仪式帮助她培养了积极的心态，焦虑情绪也逐渐减轻。

在建立生活仪式感的过程中，需要注意以下几点：

首先，仪式感要符合个人特点和生活实际。不要盲目模仿他人的做法，而是要找到真正适合自己的方式。如果你不是早起的人，就不要强求自己一定要做晨间仪式，可以选择午休时间或者晚上来进行。

其次，仪式感要循序渐进地建立。一开始可以从一两个简单的仪式开始，等这些变成自然的习惯后，再逐步增加其他内容。过于激进的改变往往难以坚持，反而会带来新的压力。

再次，仪式感要保持适度的灵活性。生活中总会有意外和变数，仪式感的建立不是为了束缚自己，而是为了给生活带来规律和安定感。当遇到特殊情况时，适当的调整是完全可以接受的。

最后，注意仪式感的质量而不是数量。与其建立很多流于形式的仪式，不如专注于几个真正能带来心灵慰藉的活动。重要的是这些仪式能否真正帮助我们找到内心的平静和安定。

疗愈有招

通过建立生活仪式感，我们能够在纷繁复杂的现代生活中找到属于自己的节奏和韵律。这些看似简单的日常行为，会慢慢积累成为抵抗焦虑的强大力量，帮助我们在压力面前保持内心的平静。那些看似平凡的日子，因为注入了仪式感而变得独特而美好，我们的生活也会因此变得更有质感和有温度。

设计压力释放阀门

人生在世，压力在所难免。我们最大的挑战不是承受压力，而是学会与压力共处。

压力释放阀门就像是蒸汽机上的安全装置，能够在压力达到危险水平之前，及时将多余的压力排出以避免爆炸。在我们的心理系统中，这种阀门同样不可或缺。它不仅能帮助我们及时释放压力，还能预防焦虑的积累和爆发。

一个良好的压力释放系统应该包含多个层面的阀门设置。第一层是日常性释放阀门，用于处理生活中的常规压力；第二层是应急性释放阀门，用于应对突发的压力事件；第三层是修复性释放阀门，用于治愈已经积累的心理创伤。这种多层次的设计能够确保我们在不同情况下都有适当的压力释放途径。

压力释放并非简单的发泄，而是一个需要精心设计的系统工程。我们可以下从几个层面着手设计自己的压力释放阀门。

首先是身体层面的释放阀门。包括：通过有氧运动、力量训练等运动方式释放压力；使用特定的呼吸调节来平衡自主神经系统；通过渐进性肌肉放松来缓解身体紧张；寻找专业按摩或自我按摩来释放身体压力。

其次是心理层面的释放阀门。包括：写情绪日记，记录和梳理自己的情绪变化；进行艺术创作，通过绘画、音乐等艺术形式表达内心感受；思维练习，培养正面意识，保持心理平衡；求助心理咨询，定期进行专业的心理疏导。

再次是社交层面的释放阀门。包括：参加朋友聚会，与知心好友分享交流；参加兴趣小组，参与共同兴趣的群体活动；参加社区服务，通过助人来获得精神满足；举办家庭活动，增进家人间的情感联系。

一位在互联网公司工作的程序员王先生分享了他的经验："我给自己设计了一个压力信号灯系统。当压力处于绿灯区时，我会通过跑步、打游戏等日常方式来释放；当压力达到黄灯区时，我会启动更强力的释放方式，比如去健身房做高强度训练；如果压力到了红灯区，我会立即联系心理咨询师，同时暂时远离压力源。这个系统帮助我有效地控制了压力水平。"

在设计压力释放阀门时，我们需要注意以下几个关键点：

个性化设计。每个人的压力来源和承受能力都不同，释放方式也应该因人而异。有些人可能通过激烈运动来释放压力，而有些人则更适合安静的阅读或绘画。找到最适合自己的方式才是关键。

及时性原则。压力释放要讲究时机，既不能太早（可能会影响正常的压力耐受训练），也不能太晚（可能会造成压力过度累积）。要学会识别自己的压力信号，在适当的时候启动释放机制。

可持续性原则。释放方式要具有可持续性，不能采用可能带来副作用的方式（如酗酒、暴饮暴食等）。健康的释放方式应该能够长期坚持，并且不会产生负面影响。

渐进性原则。压力释放应该是渐进的过程，不能期望通过一次性的大释放来解决所有问题。就像给气球放气，最安全的方式是慢慢释放，而不是一下子扎破。

预警机制建立。我们可以为自己设定一些压力预警指标，比如：睡眠质量的变化；饮食习惯的改变；情绪波动的频率；身体不适的信号。当这些指标出现异常时，就说明需要启动相应的释放阀门了。

建立焦虑预警机制，是为了帮助我们更好地维护心理健康，而不是再造一个新的压力源。因此，在使用过程中要保持灵活和开放的态度，根据个人特点和生活变化及时调整机制。预警机制如同一面温和的镜子，帮助我们客观地观察自己的状态，而不是一个严苛的评判者。当我们发现某些指标不在理想范围时，不必过分紧张或自责，而是把它们视为身心向我们发出的友善提醒。这种温和而清晰的觉察，能帮助我们在压力积累到临界点之前，就采取适当的调节措施。

预警机制的价值不仅在于及早发现问题，更在于帮助我们建立起对自己的深入理解。通过持续的观察和记录，我们能够逐渐识别出自己的压力模式、情绪变化规律，以及最有效的调节方式。这些认知会成为我们心理韧性的重要组成部分，帮助我们在面对未来的挑战时更有信心和把握。

通过这样一个系统性的预警机制，我们能够更好地觉察自己的状态变化，在焦虑情绪失控之前就采取有效的干预措施，从而维持更稳定的心理状态。这种预防性的管理方式，比起在问题严重后再采取措施要高效得多。同时，这个机制也能帮助我们更深入地了解自己，掌握自己的心理状态变化规律，逐步建立起更强大的心理韧性。

　　还有，预警机制应当是一个动态发展的过程。随着我们对自己的了解加深，机制的各项指标和阈值都可以进行相应调整。有时候我们可能需要增加新的观察维度，有时候则可能需要简化某些过于复杂的监测项目。这种灵活性确保了机制能够真正服务于我们的需求，而不是成为一种负担。

　　一个好的预警机制应该能够帮助我们建立起更健康的生活方式和更平和的心态。它不仅仅是一个预防工具，更是一个促进个人成长的助手，帮助我们在应对压力和焦虑的过程中不断成长，逐步提升心理健康水平。通过这个机制，我们能够培养出更强的心理免疫力，在面对生活的各种挑战时保持从容和韧性。

　　同时，还要注意记录和评估释放效果。可以建立一个简单的记录系统：记录压力来源和强度；记录采用的释放方式；评估释放后的效果；总结经验教训。通过这样的记录，我们可以逐步优化自己的释放系统，使其更加有效。

疗愈有招

　　良好的压力释放系统就像一个精密的调节装置，需要根据个人特点进行个性化设计。它不仅包含身体、心理和社交等多个层面，还要考虑及时性、可持续性和渐进性等原则。通过建立科学的预警机制和记录评估系统，使我们能够逐步优化自己的压力管理方案，在压力与放松之间找到最佳平衡点。

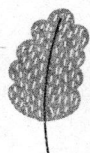

-附 录-

49 个抗焦虑的小游戏

感官觉察类游戏

01. 声音猎手

找一个相对安静的位置坐好，闭上眼睛，保持安静 3 分钟后开始依次辨识声音：

（1）找出最远的声音；

（2）找出最近的声音；

（3）找出最大的声音；

（4）找出最小的声音。

数一数总共能听到几种声音，并尝试分辨每种声音的方向。

适合场景：清晨或深夜等安静时刻；需要放空大脑时；感觉焦虑让自己无法专注时。

游戏好处：帮助平静心绪，提升专注力。

02. 触感探索家

闭上眼睛，伸出双手，模仿盲人在身边探索不同的物品。在这个过程中，要：

（1）感受材质（软硬、粗糙光滑）；

（2）感受形状（圆方、棱角）；

（3）感受温度（冷暖）；

（4）感受重量（轻重）。

猜测每种物品是什么，描述每种触感带来的感受，找出你最喜欢的触感。

适合场景：在熟悉的环境中；焦虑不堪需要转移注意力时；感觉压力大需要放松时。

游戏好处：增强触觉感知，放松神经系统。

03. 色彩收集家

心里选择一个特定的颜色，在身边的环境中寻找该颜色的物品。期间要：

（1）记录找到的每个物品；

（2）观察色彩的深浅变化；

（3）注意材质对颜色的影响；

（4）给每个物品编一个有趣的小故事。

可以换另一个颜色重复游戏，比较不同颜色带来的心情变化。

适合场景：光线充足的环境；感到烦躁需要转移注意力时。

游戏好处：提升观察能力，激发想象力，改善心情。

04. 温度地图

用手掌触摸身体不同部位，记录温度感受。如下：

（1）标记最暖和的区域；

（2）标记最凉快的区域；

（3）注意温度的变化；

（4）在脑海中绘制"体温地图"。

回顾每个部位的温度差异，试着思考为什么会有这样的感受：是因为接触衣物的不同材质？是因为某些部位离心脏较近，血液流动较多？或者与当天的情绪、环境温度、身体活动有关？

适合场景：身体疲惫时；运动后。

游戏好处：促进血液循环，手掌的触摸不仅能觉察温度，还能通过轻柔的按压促进身体局部血液循环。

游戏好处：放松身心，能让你专注于当下。

05. 呼吸画师

用手指在空气中随着呼吸节奏画线条。具体步骤：

（1）吸气时画上升的线条；

（2）呼气时画下降的线条；

（3）感受每次画线的速度变化；

（4）观察线条的形状特点。

尝试画出不同的线条：直线、波浪线、曲线等，体会呼吸与动作的配合。

适合场景：感到紧张急躁时；需要调整呼吸节奏时；睡前放松时。

游戏好处：帮助调节呼吸，缓解焦虑情绪。

06.味觉冥想

选择一颗糖果或一小块食物，慢慢品尝。要注意：

（1）观察食物的外观和气味；

（2）感受口腔里的初始味道；

（3）体会味道的变化过程；

（4）记录味蕾的不同感受。

让食物在口中自然融化，专注于整个品尝过程中的感受变化。

适合场景：工作压力大需要短暂休息时；独处时光；感到焦虑需要专注当下时。

游戏好处：培养专注力，放慢生活节奏。

07.嗅觉感受

用鼻子感受不同气味。步骤如下：

（1）寻找环境中的自然香气；

（2）分辨人造香气；

（3）记录令人愉悦的气味；

（4）探索气味的来源。

试着描述每种气味的特点，思考它们带给你的联想和记忆。

适合场景：户外散步时；烹饪时；花园或公园里。

游戏好处：增强嗅觉感知，唤醒愉快记忆。

08. 肌肉对话

从脚趾开始，依次与身体各个部位"对话"：

（1）轻轻收缩某个部位的肌肉；

（2）保持3秒后完全放松；

（3）感受紧张与放松的对比；

（4）留意每个部位的细微感受。

像波浪一样让这种收缩放松的感觉从脚部慢慢移动到头部。

适合场景：躺床休息时；久坐后需要放松时；感觉身体紧张时。

游戏好处：缓解肌肉紧张，增强身体觉察能力。

思维转移类游戏

09. 数字解压器

随机选择 3 个不同数字组成的 3 位数（如 365），之后：

（1）把这个数字倒过来写（563）；

（2）用大的数减去小的数（563-365）；

（3）把得到的结果（198）再倒过来（891）

（4）重复前面的过程。

如果大数减小数的结果是 99 或 88 之类的"对子"，那么就重新选 3 个数字开始。期间，注意观察数字的变化规律，尝试预测下一个数字，直到心情平静为止。

适合场景：感觉思维混乱时；等某个结果或某人而焦虑时；需要快速转移注意力时。

游戏好处：转移注意力，训练计算能力，建立思维秩序，缓解紧张情绪。

10. 字母接龙

随机选择一个正面积极的主题（如"快乐的事情"），按照字母表顺序列举相关词汇：

（1）A 开头的词，如"爱人"；

（2）B 开头的词，如"宝贝"；

（3）C 开头的词，如"畅游"；

（4）依此类推。

要给每个词加上简短描述，例如给"爱人"加上"美丽贤惠"，并联想相关的画面，感受每个词带来的情绪变化。

适合场景：需要放松心情时；想要拥有积极乐观心情时。

游戏好处：培养正向思维，练习创造力，改善心情。

11. 心算练习

从 100 开始倒数，规则为每次减去一个数字，或交替减去不同的两个数，例如：

（1）每次减 7（100，93，86……）；

（2）或者减 7，之后减 2，之后减 7，再减 2，交替循环（100，93，91，84，82……）。

如果算错了，就从 100 重新开始。

适合场景：感觉思维混乱时；需要让大脑冷静时。

游戏好处：提升注意力，缓解焦虑情绪。

12. 物品故事

随机选择身边一个物品，然后构思它的故事：

（1）想象它的来历；

（2）描述它的经历；

（3）猜测它的未来。

可以给物品设定性格特点，如"它是一支调皮的圆珠笔"。想象它与其他物品的关系，如"它最好的朋友是白纸"。

适合场景：感觉无聊或孤独时；想要练习创意思维时。

游戏好处：激发创造力，培养观察力，转移消极情绪。

13. 类别归纳

选择一个大类（如办公用品），进行多层次分类：

（1）确定分类标准；

（2）创建子类别；

（3）继续细分子类别。

标准自由制定，之后要尽可能详细地分类，并思考类别之间的关联、尝试创建分类图谱。

适合场景：感觉思维混乱时。

游戏好处：提升逻辑思维，培养系统思维，改善认知能力。

14. 时间旅行者

选择一个特定年份（如 2010 年），开始回忆或想象那一年的场景：

（1）列举当时流行的事物；

（2）描述重要的个人经历；

（3）回想那时的生活细节；

（4）对比现在的变化。

可以选择不同的时间段，如"5 年前的夏天"或"10 年后的某一天"，让思维在时间长河中穿梭。

适合场景：感到焦虑需要暂时逃离当下时；想要重新审视生活时。

游戏好处：培养时间洞察力，缓解当下压力，激发对未来的期待。

15. 逻辑推理链

从一个简单的现象开始，探索因果关系：

（1）观察一个现象（如"地上有水"）；

（2）推测可能的原因（下雨了／有人洒水）；

（3）继续追溯上一个原因；

（4）尝试找出至少 5 个相关联的原因。

记录整个推理过程，看看能把思维延伸到多远。

适合场景：需要厘清思路时；想要转移注意力时。

游戏好处：锻炼逻辑思维，增强分析能力，转移焦虑情绪。

16. 声音故事

听到一个声音后，展开联想：

（1）给这个声音起一个名字；

（2）想象声音的性格；

（3）想象声音之间的对话；

（4）创造一个由声音组成的故事。

可以是自然声音（风声、鸟鸣），也可以是人造声音（敲击声、机器声）。

适合场景：独处时；需要放松心情时；感到焦虑无法入睡时。

游戏好处：增强想象力，训练听觉专注，舒缓紧张情绪。

呼吸冥想类游戏

17. 呼吸气球

想象你的手中握着一个气球：

（1）在你吸气时气球慢慢膨胀；

（2）在你呼气时气球缓缓收缩；

（3）每次呼吸，都赋予气球不同的大小。

在呼吸中，你要感受气球的大小变化，观察气球的大小变化，让气球带走负面情绪。

适合场景：需要平静心情时；感觉压力大时；准备入睡前。

游戏好处：改善呼吸质量，放松身心，培养想象力，缓解焦虑。

18. 数呼吸

找到舒适的坐姿，开始数自己的呼吸：

（1）每次呼吸数一个数；

（2）从 1 数到 10；

（3）数到 10 后重新从 1 开始。

注意保持呼吸的自然节奏，如果走神就重新从 1 开始。

适合场景：需要专注时；感觉烦躁不安时；想要静心时。

游戏好处：提升注意力，平静心绪。

19. 方形呼吸

闭上眼睛，想象有一个正方形，你跟随正方形的"边"呼吸：

（1）上边缘吸气 4 秒；

（2）右边缘屏气 4 秒；

（3）下边缘呼气 4 秒；

（4）左边缘屏气 4 秒；

（5）如此反复。

注意保持均匀的呼吸节奏，感受呼吸的流动并观察身体的变化。

适合场景：需要快速平静时；感觉紧张时；准备去做重要事情前。

游戏好处：调节自主神经，减轻焦虑，提升专注力。

20. 波浪呼吸

闭上眼睛，放松身体，想象呼吸是海浪：

（1）吸气是浪潮涌来；

（2）呼气是浪潮退去；

（3）感受浪潮的节奏。

期间，要想象海浪的声音，感受身体随呼吸起伏，让思绪随波浪流动。

适合场景：需要放松时；感觉疲惫时；想要平静心情时。

游戏好处：放松身心，缓解压力。

21. 焰火冥想

想象面前有一支蜡烛，控制好你的呼吸，然后：

（1）轻柔地对着想象中的火焰呼气，让火焰摇晃但不熄灭；

（2）观察火焰的舞动。

注意保持呼吸的稳定，感受呼吸的温度，体会呼吸的力度。

适合场景：需要控制情绪时；感觉急躁时。

游戏好处：增强专注力，平复情绪，培养耐心。

22. 山谷回音

想象你在山谷中呼吸，每一次呼吸都会产生回声：

（1）吸气时，清新空气从四面八方涌来；

（2）呼气时，呼出的气在山谷中回荡；

（3）感受每一次回声带来的平静；

（4）体会声音在空间中逐渐消散。

让每一次呼吸都像山谷的回音一样，慢慢扩散，最后归于宁静。

适合场景：感到焦虑烦躁时；需要寻找内心平静时；想要放空思绪时。

游戏好处：延长呼吸时间，增强空间想象力，达到身心放松。

23. 彩虹冥想

每一次呼吸都对应彩虹的一种颜色：

（1）吸气时想象吸入特定颜色的光芒；

（2）呼气时感受这种颜色在体内扩散；

（3）依次经历红、橙、黄、绿、蓝、靛、紫；

（4）感受每种颜色带来的不同心理。

可以根据心情选择起始颜色，感受色彩能量的流动。

适合场景：需要提升能量时；感到情绪低落时；想要平衡心情时。

游戏好处：激活想象力，调节情绪，提升正念觉察。

24. 时钟冥想

把呼吸想象成时钟的指针移动：

（1）吸气时秒针走 10 秒；

（2）呼气时秒针走 10 秒；

（3）感受时间的流动节奏；

（4）体会呼吸的均匀转动。

注意保持呼吸的稳定性，像时钟一样有规律地运行。

适合场景：需要找回节奏感时；感觉时间压力大时；想要静心冥想时。

游戏好处：建立呼吸节奏，减轻时间焦虑，提升专注力。

25. 树木冥想

想象自己是一棵大树，通过呼吸与自然联结：

（1）吸气时，想象根部吸收地球能量；

（2）呼气时，感受能量向上流动至枝叶；

（3）体会能量在体内循环流动；

（4）感受与自然的联结。

让呼吸像树木吸取养分一样自然流畅，建立与自然的联结。

适合场景：需要力量感时；感到不安全时；想要获得支持感时。

游戏好处：增强安全感，建立内在支持，提升生命力。

创意想象类游戏

26. 云朵变形

找一个宽敞、高的位置，观察云朵的变化：

（1）寻找有趣的形状；

（2）想象它像什么；

（3）预测它会变成什么形状。

观察云朵的形状变化，给每一朵云编个小故事。

适合场景：天气晴朗时，需要放松心情时。

游戏好处：培养观察力，激发想象力，放松心情。

27. 心情画画

闭上眼睛，放松身体，在脑海中作画：

（1）选择代表当前心情的颜色；

（2）想象用这些颜色作画；

（3）不断调整颜色和形状；

（4）给作品起一个标题。

期间要想象画作的变化，感受每种颜色的情绪。

适合场景：需要表达情绪时；感觉困惑时；想要了解自己的心情时。

游戏好处：提升情绪觉察能力，缓解情绪压力，增强自我认知。

28. 空中书写

抬起手指，在空中：

（1）写下心里的话；

（2）画出简单的图案；

（3）写下鼓励的话语。

注意控制好书写的速度和力度，感受手指的移动，并观察情绪的变化。

适合场景：需要释放情绪时；感觉烦躁时。

游戏好处：释放情绪，平复心情。

29. 心灵花园

闭上眼睛，想象你要打造一个花园：

（1）选择要种植的花草；

（2）规划花园布局；

（3）添加园艺装饰；

（4）照料花园里的植物。

期间，要感受花园的变化，体验花园所带来的平静。

适合场景：需要放松心情时；感觉压力大时。

游戏好处：减轻压力，提升心理韧性，增强内心平静。

30. 情绪气球

想象自己手里握着几个不同颜色的气球：

（1）每个气球代表一种困扰的情绪；

（2）给每个气球注入具体的烦恼；

（3）逐个放手，看着气球缓缓飘走；

（4）目送每个气球消失在天际。

观察放飞气球时内心的变化，感受逐渐轻松的过程。

适合场景：情绪积压时；感到压抑时；需要放下时。

游戏好处：释放负面情绪，学会情绪管理，获得心理解脱。

31. 时光邮递员

闭上眼睛，想象自己是一位穿梭时空的邮递员：

（1）写一封信给过去或未来的自己；

（2）把信装入一个特别的信封；

（3）选择传递的时间点；

（4）想象自己收到信时的场景。

在写信和传递的过程中，体会时光流转带来的治愈力量。

适合场景：需要自我对话时；感到迷茫时；想要鼓励自己时。

游戏好处：增强自我认同，化解内心冲突，建立时间韧性。

32. 微光守护者

在黑暗中想象自己收集和守护微小的光：

（1）寻找生活中的微小快乐；

（2）将这些快乐想象成星星般的光点；

（3）把光点收集在想象中的玻璃瓶里；

（4）在需要时打开瓶子，让光芒照亮内心。

感受收集和守护光芒的过程，体会希望的力量。

适合场景：感到低落时；需要希望时；面对挑战时。

游戏好处：培养积极心态，提升心理免疫力，增强应对能力。

身体动作类游戏

33. 压力捏捏球

准备一个可捏的球，开始捏：

（1）配合呼吸节奏；

（2）调整捏的力度；

（3）变换捏的方式。

期间，想象压力被"捏进"了球中。

适合场景：感觉压力大时；需要释放紧张时；想要放松身体时。

游戏好处：释放身体压力，转移紧张情绪。

34. 指尖太极

放松手指，准备：

（1）做缓慢的环绕动作；

（2）保持动作的流畅性；

（3）感受指尖的移动。

运动中，要专注于动作的轨迹，并调整动作的速度，体会动作所带来的平静。

适合场景：想要平静心情时；在公共场合需要放松时。

游戏好处：平复情绪，培养耐心。

35. 手指舞蹈

将手指放在桌面上，创作手指舞蹈：

（1）设计不同的动作；

（2）配合音乐或自己哼唱，让舞蹈有节奏感；

（3）变换不同风格的音乐。

期间，尝试不同的舞蹈风格，努力去感受动作所带来的愉悦。

适合场景：感觉无聊时；想要转移注意力时。

游戏好处：培养节奏感，改善心情。

36. 呼吸拍打

双手交叉放在腹部，随着呼吸进行拍打节奏：

（1）吸气时轻轻拍打 4 下；

（2）呼气时轻轻拍打 6 下；

（3）保持节奏的稳定性。

期间，感受拍打的节奏与呼吸的配合，体会这种规律带来的平静感。

适合场景：焦虑情绪来临时；需要平复心情时；入睡困难时。

游戏好处：调节呼吸节奏，缓解焦虑情绪。

37. 肩膀解压操

坐姿放松，开始活动肩膀：

（1）做缓慢的上下运动；

（2）做前后环绕运动；

（3）做局部松弛运动。

运动时，肩膀的紧张感在逐渐消散，轻松感慢慢浸入身体。

适合场景：久坐后感到紧张时；工作压力大时；感觉身心疲惫时。

游戏好处：缓解身体紧张，舒缓心理压力。

38. 指尖按摩

用拇指和食指相互按压：

（1）从轻到重变换按压力度；

（2）改变按压的位置；

（3）尝试不同的按压方式。

按压时，将注意力集中在指尖的触感上，体会压力被缓慢释放的感觉。

适合场景：需要集中注意力时；感到烦躁不安时。

游戏好处：提升专注力，缓解紧张情绪。

39. 手腕放松波

手腕放松，开始做波浪般的运动：

（1）由慢到快调整速度；

（2）改变波动的幅度；

（3）配合轻柔的音乐。

运动中，想象手腕在带动全身的紧张感随波浪流走。

适合场景：感觉压力积累时；需要放松身心时。

游戏好处：放松身体肌肉，缓解心理压力。

40. 手指敲击乐

用手指在桌面上创作节奏：

（1）设计简单的敲击节奏；

（2）变换敲击的力度；

（3）尝试不同的节奏组合。

敲击时，专注于创造的节奏，让烦恼随着节奏声消散。

适合场景：需要转移注意力时；感到焦躁不安时。

游戏好处：培养音乐感，释放负面情绪。

41. 掌心对话

双手掌心相对，进行互动：

（1）轻轻按压感受温度；

（2）做缓慢的推动作；

（3）感受掌心的能量交流。

互动时，想象焦虑随着掌心的温度慢慢融化，体会平静慢慢充满全身。

适合场景：独处需要安慰时；感到不安全感时。

游戏好处：增加安全感，提供心理慰藉。

正面觉察类游戏

42. 感谢时光机

找一个安静的地方，回顾近期生活：

（1）列举值得感激的事；

（2）描述具体细节；

（3）回忆当时的感受。

用心体会感恩带来的温暖，记录感恩心得。

适合场景：心情低落时。

游戏好处：培养感恩意识，提升幸福感。

43. 避风港

寻找当下环境最安静的地方，在那里静坐：

（1）观察周围环境；

（2）找出细微的声响；

（3）感受空间的特质；

（4）记下环境细节。

想象这里是你的"避风港"，感受这里的安全感。

适合场景：感觉压力大时；想要安静的空间时。

游戏好处：提供心理避风港，建立安全感。

44. 能量守护

想象自己被一个能量保护屏障所包围，你可以设置能量屏障的：

（1）颜色；

（2）质地；

（3）强度。

想象这个能量屏障可以帮你抵抗外界的各种攻击，让你保持安静的生活。

适合场景：感到容易受影响时；需要心理保护时；想要建立边界时。

游戏好处：增强心理防护，建立健康边界，提升自我保护意识，增强心理安全感。

45. 微笑采集

在日常生活中，收集他人的微笑：

（1）观察路人的笑容；

（2）记住笑容的特点；

（3）体会笑容带来的感染力。

在收集的过程中，自己也跟着微笑，感受笑容的力量。

适合场景：心情阴郁时；需要正能量时。

游戏好处：提升积极情绪，增强社交信心。

46. 希望之窗

找一个有窗户的地方，静静观察窗外：

（1）观察天空的变化；

（2）留意自然的韵律；

（3）发现美好的细节。

把窗户想象成希望之窗，透过它看到生活中的光明面。

适合场景：感到迷茫时；需要寻找方向时。

游戏好处：培养希望感，建立积极视角。

47. 内心对话室

找一个私密空间，与内心对话：

（1）倾听内心的声音；

（2）理解情绪的来源；

（3）给予自己温和的回应。

把这个过程想象成与最亲近的朋友的对话，保持开放和接纳的态度。

适合场景：情绪混乱时；需要自我梳理时。

游戏好处：增进自我理解，提升情绪管理能力。

48. 生命之树

想象自己是一棵成长中的树：

（1）感受根部的稳固；

（2）体会躯干的力量；

（3）感知枝叶的舒展。

想象阳光、雨水、养分如何滋养自己，体会生命的韧性。

适合场景：缺乏安全感时；需要力量支持时。

游戏好处：增强内在力量，提升生命韧性。

49. 光点连接器

观察现在的处境，找出所有积极的因素：

（1）列举有利条件；

（2）发现潜在机会；

（3）连接各个光明点。

把这些积极因素想象成星星，串联成希望的星图。

适合场景：遇到困境时；需要找寻出路时。

游戏好处：培养积极思维，增强解决问题的能力。

后 记

在写完本书的最后一个字时，我陷入了深深的思考。焦虑，这个看似简单的心理现象，实际上折射出了整个时代的精神图景。在这个快速变迁的世界里，不确定性已成为常态，而焦虑则成了人们这个时代的集体记忆。

写作过程中，我经常会问自己：为什么焦虑在现代社会如此普遍？也许是因为现代性本身就蕴含着某种矛盾：我们追求确定性和可控性，却生活在一个充满不确定的世界；我们渴望安全感，却不得不面对持续的变革；我们向往自由，却又被无数社会角色所束缚。这些矛盾交织在每个人的生命历程中，以焦虑的形式表现出来。

我接触到许多深受焦虑困扰的人。他们的故事告诉我，焦虑不仅仅是一个心理学概念，更是每个人生命中不可分割的一部分。有趣的是，当我们开始认真对待这些焦虑，试图理解它时，往往会发现焦虑背后隐藏着深层的生命议题：我们是谁？我们追求什么？我们如何在这个世界立足？

这让我想到心理学里常说的：症状本身可能就是治愈的开始。当我们勇敢面对焦虑后，它可能会转化为推动我们成长的力量。正如黎明前的黑暗，焦虑可能预示着突破和蜕变的到来。

　　然而，这并不意味着我们应该美化焦虑。相反，我们需要以更辩证的眼光看待它：既不否认它的存在，也不被它所困；既承认它可能带来的痛苦，也看到它蕴含的成长机会。这种平衡的态度，或许才是应对焦虑的智慧所在。

　　写作本书的过程，实际上也是一次自我探索和治愈。通过梳理不同的焦虑类型，探讨各种应对方法，我更深入地理解了人性的复杂性，也更清楚地认识到：没有放之四海而皆准的解决方案，每个人都需要找到属于自己的应对之道。

　　希望本书能够启发读者思考：在这个充满不确定性的时代，我们如何保持内心的从容与智慧？如何在动荡中找到属于自己的立足点？

　　毕竟，生活从来不是一帆风顺的，挑战与困境是必然的。重要的不是消除所有的焦虑，而是学会与之共处，并在这个过程中不断成长。这或许就是这本书想要传达的最核心的信息。

　　让我们携手同行，在这个充满挑战的时代，既不失去面对现实的勇气，也不放弃追求内心平静的智慧。